여기는 기상청!
내일의 날씨를
알려드립니다

여기는 기상청!
내일의 날씨를 알려드립니다

1판 1쇄 펴낸날 2025년 4월 26일

글 박재용
펴낸이 정종호
펴낸곳 (주)청어람미디어
편집 황지희
디자인 황지희, 이원우
마케팅 강유은, 박유진
제작·관리 정수진
인쇄·제본 (주)성신미디어
등록 1998년 12월 8일 제22-1469호
주소 04045 서울시 마포구 양화로 56, 1122호
전화 02-3143-4006~4008
팩스 02-3143-4003
이메일 chungaram_media@naver.com
홈페이지 www.chungarammedia.com
인스타그램 www.instagram.com/chungaram_media

ISBN 979-11-5871-278-5 43450

청소년의 지속가능한 미래를 위한
날씨와 기후 이야기

여기는 기상청!
내일의 날씨를
알려드립니다

박재용 지음

상어람미디어

기상학 연표

아리스토텔레스,
《기상학》저술

기원전 4세기

중국 한나라,
기상 관측 기록 시작

기원전 2세기

로마,
바람과 강우 패턴 기록

기원전 1세기

로버트 보일,
기체 법칙(보일의 법칙) 정립

1660년

에드먼드 핼리,
무역풍 및 계절풍 연구

1686년

파렌하이트,
수은 온도계 개발

1714년

셀시우스,
섭씨 온도 척도 제안

1742년

1770년경

정약전,
《현산어보》에서
태풍과 기상에 대해 기록

크리스토프 퀴벨,
제트기류 발견

1884년

빌헬름 비에르크네스,
현대 기상학의 기초 정립

1904년

노르웨이 기상학파,
전선 이론 발표

1920년

1904년

서울에 기상관측소
설립

세계 최초 기상위성
TIROS-1 발사

1960년

미국,
토네이도
예측 시스템 도입

1963년

슈퍼컴퓨터 도입으로
수치 예보 모델 고도화

1980년대

1978년

한반도
기상레이더
관측 시작

레오나르도 다빈치,
증발과 구름 형성에 대한 연구,
관련 스케치 남김
1519년경

갈릴레오 갈릴레이,
온도계 개발
1607년

에반젤리스타 토리첼리,
기압계 발명
1643년

1440년
세종대왕,
측우기 발명

1450년
조선,
《천문류초》에
날씨 예측법 기록

루크 하워드,
구름의 분류 체계 확립
1802년

가스파르-귀스타브 코리올리,
코리올리 효과 개념 도입
1835년

영국,
최초의 국가 기상청 설립
1854년

세계기상기구(WMO) 전신인
국제기상기구(IMO) 설립
1873년

와사부로 오이시,
제트기류 연구 결과 발표
1926년

2차 세계대전 영향으로
군사 기상학 발전
1940년대

최초의 기상 레이더 개발
1950년

수치 예보 모델 시작
1950년대

1945년
광복 후,
대한민국 기상청의 전신인
중앙관상대 설립

1987년
대한민국
기상청으로 개편

2010년대
AI 및 빅데이터 기반
기상 예보 도입

2016년
초고해상도
수치 예보 모델 운영

2020년대
기후변화 대응 및
극단적 기후 연구
본격화

우리가 배운 과학은
실제 세계에서 어떻게 활용될까?

 과학은 우리 삶의 모든 영역에 스며들어 있다고들 말하죠. 하지만 교과서에서 배운 과학이 실제 세계에서 어떻게 쓰이는지는 잘 모르는 경우가 많습니다. 과학자를 꿈꾸지만 구체적으로 어떤 일을 하는지 잘 모르는 경우도 많고요.

 이 책은 바로 그런 여러분의 궁금증을 해소해 주기 위해 기획되었어요. 우리나라에는 과학 기술의 발전을 위해 노력하는 많은 사람들과 기관들이 있습니다. 이들은 우리 생활에 밀접한 영향을 미치는 다양한 문제들을 해결하기 위해 최신 과학 기술을 연구하고 활용하고 있죠.

 그중에서도 이 책은 날씨와 기후를 다루는 '기상청'에 주목합니다. 우리나라 기상청은 최첨단 과학 기술을 바탕으로 우리나라의 날씨와 기후를 연구하고, 정확한 일기 예보를 제공하기 위해 노력하고 있어요.

책의 내용을 통해 일기 예보가 어떤 원리로 만들어지는지, 기상 관측 장비에는 어떤 것들이 있는지, 수치 모델이 무엇인지 등을 배울 수 있을 거예요.

또한 우리나라 기상 기술의 발전 과정과 기상예보관의 업무, 기후 위기에 대한 기상청의 대응 등 흥미로운 주제들도 다룹니다. 인공위성에서 레이더, 슈퍼컴퓨터까지 최첨단 장비들이 총동원되고 최신 과학 기술이 적용되는 기상청의 현장을 느껴볼 수 있을 겁니다.

날씨와 기후는 우리 삶에 지대한 영향을 미칩니다. 그래서 이 분야의 연구는 단순히 호기심을 채우는 것 이상의 의미가 있죠. 여러분이 이 책을 통해 과학이 우리 사회에 기여하는 바를 깨닫고, 과학자라는 꿈에 한 걸음 더 다가갈 수 있기를 바랍니다.

2025년 3월 박재용

차례

기상학은 고대부터 현재까지 우리 일상과 가장 가까운 학문입니다. 과거에는 농사를 짓기 위해 하늘을 관측했다면, 현재는 기후변화를 예측하고 이를 대비하기 위해 노력하고 있습니다.

1장 기상 관측의 역사와 기초

1

과거와 오늘의
일기 예보

일기 예보의 역사는 고대까지 거슬러 올라갑니다. 사람이 눈으로 관측하는 시대를 지나 기상 현상을 관측하는 기구가 발명되었고, 과학 기술이 발전하며 현재의 일기도가 탄생했습니다.

세종 14년, 관상감 낭청 김한결

한양의 이른 아침, 관상감 낭청 김한결이 종소리에 맞춰 눈을 떴습니다. 관상감은 조선시대 천문, 기상, 역법, 시간 측정 등을 관장하던 국가 기관

낭청 김한결은 가상의 인물입니다.

이었습니다. 낭청은 일종의 관직이죠. 지금이라면 기상청 공무원입니다. 그는 서둘러 옷을 갈아입고, 관상감으로 향했습니다.

관상감에 도착한 한결은 먼저 임금께 올릴 하루의 일진을 살폈습니다. 어젯밤 삼경(밤 열한 시에서 새벽 한 시 사이)까지 천체를 관측하며 기록한 내용이 책상 위에 놓여 있었습니다.

"음, 별자리의 위치로 보아 날씨가 온화할 듯하군."

듣는 이도 없는데 혼잣말을 한 한결은 풍기대로 발걸음을 옮겼습니다. 풍기대(風氣臺)는 조선시대 관상감에 설치된 기상 관측 시설 중 하나로 풍기를 관측하고 바람의 방향과 세기를 측정하는 역할을 했습니다. 풍기 대장 박태성이 벌써 깃대 아래에서 바람의 방

풍기대

향과 세기를 살피고 있었습니다. 한결은 박풍기 대장에게 다가가 인사를 건넸습니다.

"박 대장, 바람은 어떤가요?"

"서쪽에서 바람이 불어오고 있습니다. 세기는 그리 강하지 않사옵니다."

한결은 박 대장의 답변을 듣고 측우기 쪽으로 걸음을 옮겼습니다. 그곳에는 측우 대장이 측우기의 물그릇을 살피고 있었죠.

"대장, 혹시 밤사이 비가 내렸습니까?"

"아닙니다. 물그릇이 비어 있으니 밤사이 비는 오지 않았사옵니다."

이민식 대장의 대답에 한결은 안도의 한숨을 내쉬었습니다. 관상감 내에는 벌써 분주한 기운이 감돌고 있었습니다. 전국의 감영에서 올라온 기록들이 책상 위에 수북이 쌓여 있었습니다. 한양에서 멀리 떨어진 지방의 기록이 도착하기까지는 시간이 꽤 걸리죠. 한결은 동료 낭청들과 함께 기록을 정리하기 시작했습니다.

"평안도에는 며칠 동안 소나기가 내렸다고 하네."

측우기

"경상도는 이레째 가물고 있다는군."

전국 각지의 기상 상황이 기록을 통해 서서히 모습을 드러냈습니다. 한결은 정리된 기록과 당일의 관측 결과를 바탕으로 오늘의 기상을 예측하기 시작했습니다.

"서쪽 바람과 선선한 기온으로 보아, 오늘은 대체로 맑겠군."

한결의 예보에 동료들도 고개를 끄덕였습니다. 그들은 예보를 문서로 정리하여 백지에 정갈한 글씨로 옮겼습니다. 임금에게 오늘의 기상을 아뢸 준비가 끝난 것이죠.

이윽고 관상감 대감 유건명이 도포를 여미며 들어왔습니다. 그는 한결이 정리한 예보 문서를 꼼꼼히 살폈습니다.

"그대의 예보가 틀림없겠지? 임금께서 친히 기상을 아시고자 하시니, 신중히 처리하게."

유 대감의 말에 한결은 긴장하며 고개를 끄덕였습니다. 한결은 경회루로 가서, 세종에게 공손히 문서를 올렸습니다.

"궁금하던 차였는데, 예보를 알려줘서 고맙네. 농사에 차질이 없도록 백성들에게 알리도록 하세."

그의 하루는 이렇게 시작됐습니다. 한결은 내일의 기상을 예측하기 위해 종일 하늘의 변화를 살필 것입니다. 관상감은 저녁에도 천체 관측을 해야 합니다.

1970년, 기상 주사보 김민수

　새벽 5시, 김민수 기상 주사보의 알람 시계가 요란하게 울렸습니다. 기지개를 켜며 일어나 식사를 마친 후, 어두운 거리를 걸어 회사로 향했습니다.

주사보 김민수는
가상의 인물입니다.

민수는 기상청 관측과에서 일하는 직원입니다.

　기상청에 도착한 김 주사보는 야근을 마치고 퇴근하는 직원들로부터 밤 동안의 기상 상황을 받았습니다. 지난 밤 한반도 상공에는 고기압의 영향으로 맑은 날씨가 이어지고 있었죠.

　김 주사보는 바로 관측 업무에 돌입했습니다. 동료 직원들과 함께 온도계, 습도계, 기압계 등을 일일이 눈으로 확인하며 직접 펜으로 값을 기록했습니다. 풍향과 풍속을 측정하기 위해 지붕 위의 풍향계와 풍속계도 관찰했습니다. 각 지역의 관측값은 팩스로 들어왔습니다.

　팩스로 받은 정보를 모두 모아 김 주사보는 **관측 전문**을 작성하

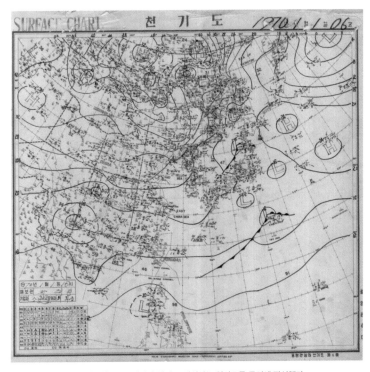

1970년 1월 1일 우리나라 일기도. 당시에는 일기도를 종이에 작성했다.

기 시작했습니다. 전문이란 관측 자료를 일정한 형식에 맞춰 정리한 것으로, 이를 통해 전국의 기상 상황을 한눈에 파악할 수 있습니다.

전문 작성을 끝낸 김 주사보는 통신실로 향했습니다. 통신기술관이 김 주사보가 전문을 전국의 지방 기상청으로 전송하는 것을 도와줬습니다. 오전 관측과 전문 송신이 끝나고, 김 주사보는 예보과로 향했습니다.

예보과에는 선임 예보관 박지민 기상 기사가 있었습니다. 관측 자료를 바탕으로 일기도를 작성하고, 예보를 생산하는 것이 예보관의 역할이었죠.

박 기사는 지난 밤 날씨의 흐름을 분석했습니다. 고기압의 이동 경로, 상층 기압골의 발달 여부 등 날씨의 변화를 좌우하는 요소들이 일기도에 담겨 있습니다. 박 기사의 노련한 분석이 더해지면서, 하나의 예보가 탄생했습니다.

"내일은 전국이 대체로 맑겠어요. 낮 기온은 25도에서 28도 사이겠어요."

박 기사의 말이 끝나자, 예보과 직원들은 바로 **예보 전문** 작성에 들어갔습니다. 김 주무관도 숙련된 직원들을 도와 예보 전문을 작성했습니다. 예보 전문은 관측 전문과 마찬가지로 통신실을 통해 각 지역으로 송신되었습니다.

송신이 끝나고, 예보 과장 이성호 기상 서기관이 오늘의 예보를 총괄하며 마무리했습니다.

"모두 수고했어요. 박 기사님 덕분에 오늘도 정확한 예보를 작성할 수 있었습니다."

그렇게 오전 기상 예보 업무가 마무리되었습니다. 민수는 오후 담당자에게 업무를 인계하고 퇴근길에 올랐습니다.

2024년, 기상청 주무관 강은지

새벽 5시, 강은지 주무관의 스마트
폰에서 알람이 울렸습니다. 강 주무
관은 일어나자마자 기상청 모바일 앱

주무관 강은지는
가상의 인물입니다.

을 확인했습니다. 기상 전문이 자동으로 생성되어 있었고, 한반도
주변의 기압계 상황도 한눈에 들어왔습니다.

출근길, 강 주무관은 팀 채팅방에서 동료들과 간단히 의견을
나눴습니다. 어제저녁 발표된 **수치 모델** 자료에 관한 토론이 오갔
습니다. 모델이 예측한 강수량에 대해 예보관들 사이에서는 의견
이 엇갈리고 있었습니다.

기상청에 도착한 강 주무관은 먼저 기상용 슈퍼컴퓨터 '천둥'이
있는 사무실로 향했습니다. '천둥'이 밤새 전 지구 규모의 기상 현
상을 시뮬레이션해서, 방대한 양의 예측 자료를 생산해 냈습니다.
자료 조사 전문가 김현우 주무관이 '천둥'의 결과물들을 분석하

고 있었습니다.

"수치 모델이 서쪽에서 다가오는 기압골 시뮬레이션을 잘 하고 있어요. 다만 수증기량이 좀 과대 모의 되는 경향이 있네요."

김 주무관의 설명에 강 주무관은 고개를 끄덕였습니다. 김 주무관과 수치 예측에 대해 의견을 나눈 뒤, 강 주무관은 작업실로 올라갔습니다. 전국 6개 지방 기상청의 예보관들과 원격 브리핑을 진행할 시간이니까요.

수치예보과 한상철 과장이 브리핑을 시작했습니다.

"오늘은 저기압의 영향으로 전국에 비가 오겠어요. 다만 모델이 예측한 강수량은 지역별로 차이가 커 보이네요. 경기 북부와 강원 영서의 경우……."

지역별 차이가 크다는 결과가 나오자, 한 과장은 수치 모델의

한계와 예보관의 역할에 대해 설명했습니다. 아무리 정교한 모델이라 할지라도 국지적인 기상 현상을 완벽히 예측하기란 불가능에 가깝기 때문입니다. 예보관의 경험과 통찰이 더욱 중요할 수밖에 없습니다.

브리핑이 끝나고 예보관들은 **일기도** 분석에 들어갔습니다. 어제 발표된 수치 모델의 예측값과 실제 관측 일기도를 비교하며, 대기의 흐름을 파악했습니다. 한반도 남쪽 해상에는 고기압이, 북쪽으로는 저기압이 자리 잡고 있네요. 강 주문관은 선임 예보관들의 분석을 경청하며, 예보에 반영할 사항들을 정리했습니다.

오후가 되자 중기 예보 브리핑을 위해 예보과 직원들이 다시 모였습니다. 수치 모델의 중기 예측 성능은 단기에 비해 정확도가 낮기에, 기후와 계절 특성에 기반한 통계적 접근이 활용됩니다. 이를 위해 과거 유사 사례를 검토하고, 전문가의 의견을 취합하는 과정이 필수석이죠.

"이번 주 후반에는 기압골의 영향을 받겠지만, 다음 주 초에는 고기압이 자리 잡으며 무더위가 시작될 것으로 보입니다. 과거 이런 패턴을 보인 해에는……."

중기 예보 전문가 김서영 박사의 분석이 이어졌습니다. 예보관들은 김 박사의 의견을 바탕으로 중기 예보를 조율했습니다.

퇴근 무렵, 예보가 최종 발표되었습니다. 예보는 기상청 홈페이지와 각종 매체를 통해 전국에 생중계되었습니다.

"내일은 전국이 대체로 흐린 가운데, 낮부터 남부 지방을 시작으로 비가 오겠습니다. 강수량은 지역별로 차이가 있겠으나, 평균 10~30mm의 비가 내리겠습니다."

예보를 마친 강 주무관은 예보 시스템에 모든 자료를 백업하고, 후반 근무조에 인수인계를 진행했습니다. 집에 도착한 강 주무관은 내일의 날씨를 상상하며 잠이 들었습니다.

2045년, 기후 리스크 컨설턴트 장민희

아침 8시, 장민희 기후 리스크 수석 컨설턴트는 대형 디스플레이 앞에서 전 세계 기후 데이터를 검토하고 있습  니다. 며칠 전 발생한 베트남 중부의 홍수로 주요 전자 부품 공장의 가동이 중단됐고, 브라질의 가뭄으로 커피 작황에 비상이 걸린 상황입니다.

"수석님, A전자 긴급 미팅이 잡혔습니다. 베트남 공급망 중단에 대한 대책을 논의하고 싶다고 하네요."

김도현 대리의 보고에 장 컨설턴트는 고개를 끄덕였습니다. 장 컨설턴트의 팀은 이미 몇 달 전부터 동남아시아의 홍수 리스크를 경고하며, 공급망 다변화를 제안했었죠.

"우리가 예측했던 시나리오가 현실이 되고 있어요. 대체 공장 리스트와 비용 분석 자료를 업데이트해 주세요. 그리고 인도네시아 쪽 날씨 패턴도 다시 확인해 봐야겠어요."

컨설턴트 장민희는 가상의 인물입니다.

오전 11시, 긴급 미팅이 시작됐습니다. 회의실에 모인 A전자 임원들의 표정이 무겁습니다. 장 컨설턴트는 차분히 데이터를 설명하기 시작했습니다.

"2040년 이후 베트남 중부 지역의 홍수 위험도가 40% 증가했습니다. 다행히 말레이시아 공장 가동을 준비해 두었으니, 두 달 안에 생산량을 정상화할 수 있습니다."

오후에는 대형 식품기업 B사와 미팅이 있습니다. 커피 산지의 기후변화로 인한 원가 상승 리스크를 분석하고, 대응 전략을 수립해야 하죠.

"현재 B사는 커피 원두 수급을 브라질에 70% 이상 의존하고 있어요. 이는 심각한 리스크입니다. 에티오피아와 베트남으로 공급망을 다변화하고, 케냐의 신규 산지 개발도 검토해 볼 만합니다."

AI가 각 지역에 적합한 품종에 대한 데이터를 처리하는 동안, 팀원들은 현지 조사 결과와 경제성 분석을 추가했습니다.

"장기적으로는 원두를 실내 재배하는 기술에 투자해야 합니다. 우리가 분석한 바로는 2060년까지 전통적인 커피 재배지의 30%가 사라질 가능성이 있어요."

저녁이 되자 새로운 의뢰가 들어왔습니다. C건설이 추진하는 해안 도시 개발 프로젝트의 기후 리스크 평가를 의뢰해 왔네요.

"해수면 상승과 태풍 강도 증가를 고려하면, 현재 설계안은 위험해 보입니다. 자세한 데이터 분석은 며칠 더 걸리겠지만, 방파제 높이를 지금보다 더 높이고 주거 지역을 해안에서 200m 이상 떨어지게 해야 할 것 같아요."

퇴근길, 장 컨설턴트는 내일 있을 금융권 콘퍼런스 발표 자료를 검토했습니다. 기후변화가 투자 포트폴리오에 미치는 영향을 설명하는 내용이죠. 장 컨설턴트의 분석이 기업의 의사결정에 영향을 미치고, 그것이 결국 지구의 미래를 조금이나마 바꿀 수 있다는 생각에 보람을 느꼈습니다.

일기 예보의 간략한 역사

일기 예보의 역사는 고대까지 거슬러 올라갑니다. 내일의 날씨 뿐만 아니라 앞으로의 날씨를 알 수 있다면 여러모로 도움이 된다는 것을 고대인들도 잘 알고 있었죠.

그들은 바람의 방향, 노을의 색깔과 농도, 새와 곤충들의 행동 등 다양한 현상이 날씨와 연관이 있다는 걸 파악하고, 이를 통해 날씨를 알아보려 했지요. 편서풍이나 몬순, 장마, 태풍 등 일 년을 기준으로 주기적으로 일어나는 기상 현상에 대해서도 정리하고 반영하려는 노력이 있었습니다. 하지만 과학적 근거가 없던 시대의 일기 예보는 잘 맞지 않았습니다. 고대 그리스의 철학자 아리스토텔레스가 《기상학(meteorologica)》이라는 책에서 당시로서는 상당히 체계적인 기상학을 제시했지만, 실제 예보의 정확성을 높일 순 없었죠.

이 시기를 **관천망기(觀天望氣) 시대**라고 합니다. 하늘을 관측하여 기상을 예측한다는 뜻으로, 사람이 직접 눈으로 바람이나 구

름 등을 보면서 날씨를 예측하던 시대였죠. 인류의 역사에서 보면 관천망기 시대가 가장 오래되었다고 볼 수 있습니다.

이후 여러 기상 장비를 이용해서 관측하는 **측기 시대**가 시작되었습니다. 우리나라는 **측우기**가 발명된 1440년을 기점으로 잡을 수 있죠. 서양은 근대에 들어서면서 물리학과 박물학 등 자연과학이 발달하면서 측기 시대로 접어들었습니다. 16세기 말에는 갈릴레이가 온도계를 발명했고, 그의 제자 토리첼리가 기압을 측정했습니다. 18세기에는 수학자 램버트가 습도계를 발명했습니다.

여러 도구의 사용은 기상 현상에 대한 자료를 정확하게 확보할 수 있다는 점에서 중요한 진전이었습니다. 하지만 일기 예보는 여전히 쉽지 않았습니다. 날씨가 한 지역의 기상 요소만 알아서는 예측할 수 있는 것이 아니기 때문이죠. 그리고 여러 지역의 기상

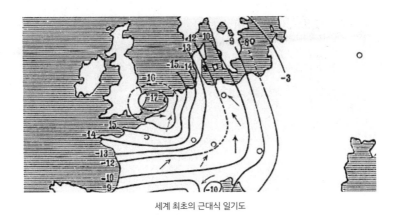
세계 최초의 근대식 일기도

요소를 한 장의 일기도로 만드는 것이 필요하다고 여기게 됩니다.

1820년, 독일의 하인리히 브란데스가 유럽 각지의 관측 자료를 수집해서 최초의 근대식 일기도를 만들었습니다. 드디어 '측기 시대'에서 **일기도 시대**로 진입한 것이죠. 하지만 아직 여러 지역의 기상 요소를 빠르게 입수하기 어려웠기 때문에 일기도 작성은 가까운 지역들로만 한정할 수밖에 없었습니다.

더 광범위한 지역의 일기도 작성에 가장 큰 공을 세운 것은 전기·전신의 발명입니다. 일기도를 그리려면 각 지역에서 관측한 온도, 습도, 구름 상태, 기압 등을 빠르게 모아야 하는데 19세기 초까지만 해도 이것이 불가능했지요.

미국의 J. 헨리가 1858년에 세계 최초로 전신으로 수집한 날씨 자료를 바탕으로 만든 일기도를 이용해 일기 예보를 발표했습니

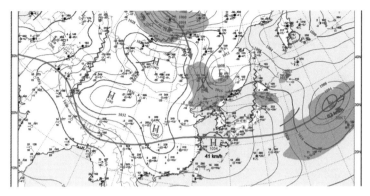
2025년 기본 일기도

다. 그리고 1863년 프랑스의 르 베리에가 세계 최초로 매일 일기도를 작성하고 예보하는 시스템을 만들었습니다. 이 시스템은 프랑스만이 아니라 주변 다른 나라의 기상자료도 같이 참고해서 만들었죠.

20세기는 일기 예보의 커다란 발전이 이루어진 시대입니다. 1930년에 발명된 **라디오존데**가 큰 역할을 했습니다. 이전에는 지표면 부근의 기상 요소만 관측이 가능했지만, 라디오존데를 통해 높은 곳의 기상 요소도 관측이 가능해졌습니다. 이제까지의 기상 관측이 2차원이었다면, 라디오존데를 통해 3차원 기상 관측이 이루어졌고, 일기 예보의 신뢰도가 더 높아집니다.

20세기 중반 이후부터는 컴퓨터의 발전과 함께 일기 예보 기술이 눈부시게 발전했습니다. **수치 모델**이 도입되면서, 컴퓨터를 이

용해 방대한 양의 기상 데이터를 분석하고 예측할 수 있게 되었
죠. 뒤에 다시 설명하겠지만, 수치 모델을 활용하기 위해서는 대규
모 계산이 필요하고, 컴퓨터가 필수적입니다. 컴퓨터의 등장으로
'일기도 시대'에서 '수치 모델 시대'로 전환되었다고도 볼 수 있습
니다.

1960년대부터는 인공위성과 레이더 기술을 활용하기 시작했죠.
기상 관측에서 큰 어려움이었던 바다를 간접적으로 관측할 수 있
게 되었고, 비나 눈, 우박에 대한 관측도 훨씬 세밀해졌습니다.

정보통신 기술의 발달은 기상 관측의 많은 부분을 자동화시켰
습니다. 1990년대 이후에는 슈퍼컴퓨터를 이용한 고해상도 수치
모델이 개발되면서 '단기 예보'의 정확도가 크게 향상되었습니다.
물론 '장기 예보'와 '기후변화' 예측에도 큰 도움이 되었고요. 21

세기에는 인공지능과 여러 첨단 장비의 도입으로 더 빠르고, 더 촘촘하고, 더 신뢰도가 높은 기상 관측과 일기 예보가 이루어질 것입니다.

일기도 기호 읽는 법

아래 기호는 흐리고 비가 오며, 기온 13.1℃, 바람은 북동쪽에서 불어오고, 속도는 1초당 7m. 기압은 1004hPa, 구름이 많다는 뜻입니다. 이 기호만 이해하면, 모든 일기도를 쉽게 읽을 수 있어요.

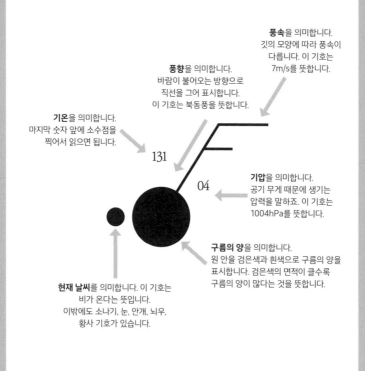

풍속을 의미합니다. 깃의 모양에 따라 풍속이 다릅니다. 이 기호는 7m/s를 뜻합니다.

풍향을 의미합니다. 바람이 불어오는 방향으로 직선을 그어 표시합니다. 이 기호는 북동풍을 뜻합니다.

기온을 의미합니다. 마지막 숫자 앞에 소수점을 찍어서 읽으면 됩니다.

기압을 의미합니다. 공기 무게 때문에 생기는 압력을 말하죠. 이 기호는 1004hPa를 뜻합니다.

구름의 양을 의미합니다. 원 안을 검은색과 흰색으로 구름의 양을 표시합니다. 검은색의 면적이 클수록 구름의 양이 많다는 것을 뜻합니다.

현재 날씨를 의미합니다. 이 기호는 비가 온다는 뜻입니다. 이밖에도 소나기, 눈, 안개, 뇌우, 황사 기호가 있습니다.

구름의 양	기호	○	◐	◕	◔	◑	◑	◕	◑	●
	의미	0/8	1/8	2/8	3/8	4/8	5/8	6/8	7/8	8/8
		맑음		구름조금			구름많음		흐림	

풍속	기호	♩	♪	♬	♬	♬	♬
	의미	10노트	5노트	50노트	40노트	65노트	115노트

날씨	기호	●	▼	✳	≡	⦦	S
	의미	비	소나기	눈	안개	뇌우	황사

기압	기호	92	96	00	04	08	16
	의미	992hPa	996hPa	1000hPa	1004hPa	1008hPa	1016hPa

전선	기호	●▲●	▲▲▲	●▲●	●▼●
	의미	온난 전선	한랭 전선	폐색 전선	정체 전선

2

기상예보관이
하는 일

일기 예보는 예측 기간에 따라 장기 예보, 중기 예보, 단기 예보 등으로
구분합니다. 기상예보관은 각종 관측 장치가 측정한 데이터를 토대로
관측 결과를 분석하고, 날씨를 예측합니다.

낮 12시 전쟁이 시작된다

전 세계 기상청에서 가장 중요한 시간은 **영국 그리니치 천문대** 시간으로 0시와 12시입니다. 이 시간이 세계기상기구(WMO)가 설정한 기본 관측 시간입니다. 우리나라 시간으로 오전 9시와 오후 9시가 됩니다. 이 시간에 모든 나라의 기상청이 자신들이 확보한 기상 데이터를 서로 전송합니다.

하지만 전 세계에서 기상 정보가 우리나라 기상청에 모두 들어오는 데는 대략 세 시간 정도가 걸립니다. 각 지역의 중심 센터에 정보가 모이고, 이를 다시 GTX라고 하는 통신망을 통해 전 세계로 보내는 과정에 시간이 소요되기 때문입니다. 그래서 오전 9시에 들어오기 시작한 데이터가 완료되는 시간은 낮 12시입니다.

이때부터 내일 날씨를 예보하기 위한 전쟁이 시작됩니다. 슈퍼컴퓨터가 움직이기 시작하면서, 내일의 전 세계 기상 상황을 알기 위한 수치 모델 계산이 치열하게 전개되는 것입니다. 한 번만 계산하는 것이 아닙니다. 여러 차례 돌려 최대한 높은 확률의 결과를 만들어 냅니다. 슈퍼컴퓨터를 사용해도 대략 2시간이 걸립니다.

오후 2시, 이제 예보관들의 시간입니다. 수치 모델이 전 세계에서 들어온 기상 정보로 생산한 원천 데이터는 오전 9시에 만들어진 자료입니다. 하지만 이미 시간은 오후 2시, 그 사이 대기 상황은 또 바뀌었겠죠. 수치 모델이 예측한 바와 같다면 좋겠으나 실제 상황은 대부분 그렇지 않습니다. 예보관들은 수치 모델이 만든 결과와 실시간으로 들어오는 관측 결과를 비교합니다.

이때 우리나라 전역의 지상 관측 센터와 라디오존데, 기상 위성의 자료, 중국 등 주변 국가의 데이터를 수치 모델과 비교합니다. 이 두 자료를 놓고 토론을 통해 수정하고 최종 결과를 정리합니다. 여기에 걸리는 시간이 약 두 시간입니다. 사실 시간은 더 필요하지만, 오후 4시가 되면 내일 날씨를 알리기 위한 외부 발표 자료를 만들어야 하기 때문에 두 시간 안에 끝내야 합니다.

이 예보를 **단기 예보**라고 하는데, 사실 두 시간은 매우 촉박합니다. 단지 '내일 비가 온다' 아니면 '맑다'라고 발표하는 것이 아닙니다. 모레까지의 기상 상황을 1시간 단위로 예측하고, 내일과 모레의 최고·최저기온, 비의 형태, 강수 확률, 예상 강수량, 예상 적설량, 하늘 상태, 바람의 방향과 세기, 습도, 파도의 높이 등을 예측하는 일입니다.

드디어 4시가 되면, 다시 시간과의 싸움이 시작됩니다. 예보 자

영국 그리니치 천문대

료를 만들 시간은 한 시간밖에 없습니다. 발표는 이미 오후 5시로 정해져 있습니다. 오후 5시 발표와 함께 매일같이 치르는 '내일 날씨를 알리기 위한 전쟁'이 잠시 끝납니다.

하지만 이 예보가 다음 날 오후 5시까지 변하지 않는 것은 아닙니다. 3시간마다 계속 수정된 예보를 발표합니다. 앞서 영국 그리니치 천문대 시간으로 자정과 정오에 전 세계 기상 정보가 들어온다고 했지만, 실제로는 여러 국가의 기상청이 3시간마다 기상 상황을 확인해서 보내 줍니다. 우리나라 기상청도 마찬가지입니다.

여기에 우리나라의 각 지상관측센터와 라디오존데, 기상레이더, 기상 위성에서도 실시간으로 계속 기상 데이터를 기상청에 보냅니다. 이런 자료를 바탕으로 변경된 예보를 3시간 단위로 계속 발표하는 것입니다. 아침에 '오늘 오후에 비가 올 것'이라는 예보를 들고 우산을 챙겼는데, 점심 때 보니 '비가 오는 게 아니라 흐린 날'로 예보가 바뀐 경우가 가끔 있는 것이 이런 이유 때문입니다.

이런 예보는 각 지방 기상청에서 각자 자기가 맡은 지역별로 발표합니다. 동네 예보를 한 곳에서 하기에는 무리가 많이 따르기 때문입니다. 서울의 경우만 하더라도 강서구와 중랑구, 강북구, 서초구 등의 상황이 서로 다릅니다. 같은 중랑구도 신내동과 망우동, 면목동의 날씨가 조금씩 다를 수 있습니다. 이렇게 세세하게 나눠, 그것도 1시간 단위의 예보를 하려면 각 지역별로 예보를 하는 것이 더 효율적이죠. 전국적으로 수도권, 부산, 광주, 강원, 대전, 대구, 제주에 있는 각 기상청이 지역별로 예보를 담당합니다.

열흘의 날씨를 예보하다

여행 계획을 세워 봅시다. 여행의 성패를 좌우하는 것은 무엇보다 날씨죠. 도보 여행을 즐기는 사람이라면 여행 기간에 매일 비가 온다면 슬퍼지겠죠. 여행을 떠나기 일주일 정도 전에, 여행 갈 지역의 일기 예보를 검색하면 좋습니다. 이때 가장 많은 사람들이 활용하는 것이 **중기 예보**입니다. 우리나라 일기 예보 중 중기 예보는 오늘부터 3일째 되는 날부터 10일째 되는 날까지의 날씨를 예측하고 알려 줍니다. 참고로 세계기상기구의 중기 예보는 오늘부터 14일까지의 날씨를 예보하는 것을 말합니다.

'수치 모델'에 의한 예측은 예보하는 기간이 길어질수록 정확도가 떨어집니다. 대기가 카오스적인 특성을 가지기 때문입니다. 수치 모델을 운영하기 위해서는 현재 기상 상태를 입력해야 하는데, 대기 상태를 완벽하게 관측하는 것은 불가능하므로 항상 오차가 생기기 마련입니다. 그런데 초기 조건의 작은 오류가 시간이 지나면서 더욱 커지는 결과가 생길 수 있습니다. 이는 수치 모델이 '비선형 방정식'이기 때문이죠.

또한 대기는 바다, 지면, 해빙 등과 끊임없이 상호작용을 합니다. 그래서 이 부분 또한 완벽하게 모델링할 수 없고, 이런 오류는 시간이 지나면서 커집니다. 따라서 14일이 지나면 예보가 가지는 신뢰성이 낮아지기 때문에 최장 14일까지를 한계로 삼습니다.

하지만 우리나라는 10일 이후의 예보는 의미가 적다고 판단하기 때문에 10일까지만 중기 예보를 합니다. 미국의 경우는 8~14일의 중기 예보를 하고, 일본은 11일까지 중기예보를 합니다.

우리나라 중기 예보는 1970년대에 '5일 예보'로 시작했습니다. 이후 1980년대에 수치 모델을 기반으로 예보를 하기 시작했는데, 이때도 기간은 5일이었습니다. 그러다 1990년 통계 모델과 수치 모델을 결합한 '7일 예보'를 했고, 2000년대 들어 앙상블 예측 시스템을 도입하면서 현재와 같은 10일 예보를 시작했습니다. 2010년대 들어 고해상도 '전 지구 모델'과 '앙상블 예측 시스템'이 고도화되면서 중기 예보의 신뢰성이 한층 높아졌죠.

중기 예보는 매일 두 차례 발표하는데 1시간 단위가 아니라 오전과 오후로 나누어 예측을 합니다. 단 8일~10일 사이의 예보는 하루 단위로 발표합니다. 이는 기간이 길수록 예측의 정확성이 떨어질 수 있기 때문입니다.

장기 예보로 기후를 예측하라

1개월 이상의 긴 기간에 대한 예보를 **장기 예보**라고 합니다. 장기 예보에는 1개월 전망과 3개월 전망이 있죠. **기후 전망**에는 '계절 기후 전망'과 '연 기후 전망'이 있습니다. '계절 기후 전망'은 1년에 네 번 발표하는데 다다음 계절을 전망합니다. 즉, 5월에는 가을 날씨를, 8월에는 겨울 날씨를 전망하죠. 연 기후 전망은 1년에 한 번 발표하는데, 다음 해의 평균 기온과 강수량, 엘니뇨·라니냐를 전망합니다.

우리나라는 장기 예보를 1970년대에 시작했습니다. 주로 통계적 방법에 의존하여 과거 기상 자료를 분석하고 이를 바탕으로 예보했습니다. 쉽게 말해서 과거에 지금과 비슷한 양상을 보이는 경우에 대입하여 예보한 것이죠. 하지만 이런 방법에는 한계가 있을 수밖에 없습니다.

1990년대에 들어서면서 기후 모델링 기술이 발달하고 고성능 컴퓨터가 도입되면서 수치 모델을 이용한 장기 예보가 가능해졌습니

다. 하지만 아직 수치 모델이 정교하지 않기 때문에 통계적 방법을 같이 썼죠. 이런 방법을 '하이브리드 방식'이라고 합니다. 21세기 들어서 슈퍼컴퓨터가 도입되고 기상청의 수치 모델링 방법이 고도화되면서, 이제 수치 모델 위주의 장기 예보가 시작되었습니다.

하지만 하나의 수치 모델만 가지고는 오류가 발생할 가능성이 높기 때문에 여러 개의 수치 모델을 돌려 서로 비교하면서 확률론적 예보를 하는 **앙상블 예측 시스템**을 쓰게 됩니다. 여기에 '대기-해양 접합 모델'과 '해빙 모델'을 활용하고, 북극 진동, 엘니뇨·라니냐 등 대규모 기후 현상의 영향도 고려하죠.

여기서 북극 진동은 북극에 존재하는 찬 공기의 극소용돌이가 수십 일 또는 수십 년을 주기로 강약을 되풀이하는 현상을 말합니다. 대기-해양 접합 모델은 대기와 해양의 상호작용을 모사하는

수치 모델입니다.

　지구 표면의 70%는 바다죠. 이 바다 표면의 다양한 현상은 대기에 큰 영향을 끼칩니다. 가장 중요한 요소는 해수면 표면 온도, 해류의 흐름 등입니다. 물론 대기도 해양에 영향을 끼치고요. 이들의 상호작용을 계산하는 것이 **대기-해양 접합 모델**입니다.

　해빙 모델은 북극권과 남극권의 해빙이 만들어지고, 이동하고 녹는 과정을 다룹니다. 얼음이 녹고 얼 때는 다량의 열에너지를 흡수하거나 방출하기 때문에 대기에 큰 영향을 주죠. 바다와 해빙은 짧은 기간의 날씨 예보에는 큰 영향을 주지 않지만, 전 지구적이고 장기적인 기후 예측에 중요한 요소가 됩니다. 물론 바다만 중요한 것은 아니고 육지도 고려해야겠지요. 이는 '지면 모델'을 통해 반영됩니다.

돌발 상황에 대비하라

단기 예보보다 더 짧은 기간의 예보를 **초단기 예보**라고 합니다. 초단기 예보는 현재부터 6시간 이내의 기상 상황을 1시간 간격으로 발표합니다. 돌풍이나 우박은 굉장히 짧은 시간에 발생하기 때문에 수치 모델로는 예측하는 데 한계가 있을 수밖에 없습니다. 이런 돌발적인 기상상황에 대비하기 위해 예보관들은 하루 24시간 담당을 정해 실시간 관측 자료를 계속 감시합니다. 대기 상황은 항상 변하기 때문에 기존의 예보를 수정해야 할 경우도 많습니다.

초단기 예보의 역사는 그리 길지 않습니다. 2000년대 초반에 연구개발을 시작해서 2007년에 시범 운영을 시작했고, 2009년에 정식 서비스를 시작했습니다. 2015년에 예보 시간을 3시간 간격에서 1시간 간격으로 줄였습니다.

초단기 예보는 '국지 앙상블 예측 시스템'과 '초단기 앙상블 예측 시스템'이라는 수치 모델을 이용합니다. '국지 앙상블 예측 시스템'은 우리나라 전체를 3km 단위로 잘라서 1시간 간격으로 12시간까지 예측하는 수치 모델입니다. '초단기 앙상블 예측 시스템'은 1.5km 단위로 잘라서 10분 간격으로 6시간까지 예측하는 수치 모델입니다. 굉장히 촘촘하죠? 그래서 초단기 예보는 그야말로 동네 단위로 그리고 아주 짧은 시간에 발생하는 다양한 기상 현상을 예보할 수 있습니다. 그렇다고 수치 모델의 결과를 그대로 발표하는 것은 아니고, 이 둘의 결과와 실시간 자료를 바탕으로 예보관이 최종 예보를 만드는 거죠.

이런 초단기 예보는 우리의 실제 삶에 큰 영향을 미칩니다. 갑자기 짧은 시간에 많은 비가 내리는 집중 호우나 강한 눈에 대한 예보를 통해 해당 지역 사람들이 빠르게 대피하고 대응할 수 있게 하는 것이 대표적인 예입니다.

벼락이 친다는 '뇌우 경보'는 농업이나 건설업 등 야외 활동을 하는 사람들에게 중요한 정보가 되죠. 거기에다 비행기나 배, 육상 운송과 군대의 이동에서도 중요한 역할을 합니다.

예보관

기상청의 전문가라고 하면 기상학을 전공한 기상학자만 생각하기 쉽지만 실제로는 다양한 분야의 전문가들이 일합니다. 그중 가장 먼저 우리 머릿속에 떠오르는 분들은 '예보관'이죠. 이들은 일기 예보의 최전선에서 일합니다. 이들이 하는 업무에는 어떤 것들이 있을까요?

첫 번째, 관측 자료를 분석합니다. 예보관은 자동 기상 관측 장비, 레이더, 위성, 고층 기상 관측 등 다양한 관측 장비로부터 수집된 자료를 종합적으로 분석합니다. 이를 통해 현재 대기 상태를 정확히 파악하고, 앞으로의 날씨 변화를 예측하기 위한 기초 자료를 마련하죠.

두 번째, 수치 모델 자료를 해석합니다. 예보관은 수치 모델이 계산해 낸 결과를 해석하고, 관측 자료와 비교하여 예보에 활용해요. 이 과정에서 예보관의 전문성과 경험이 큰 역할을 합니다.

세 번째, 일기도를 분석합니다. 예보관은 다양한 기상 요소 (기압, 기온, 습도, 바람 등)의 공간적 분포를 나타낸 일기도를 분석해요. 이를 통해 전선의 위치, 고기압과 저기압의 이동 경로 등을 파악할 수 있죠. 숙련된 예보관은 일기도를 보고 날씨의 흐름을 한눈에 파악할 수 있습니다.

네 번째, 예보 생산 및 통보 업무를 담당합니다. 예보관은 관측 자료, 수치 모델, 일기도 등을 종합적으로 분석하여 최종적인 일기 예보를 생산해요. 단기 예보, 중기 예보, 장기 예보 등 다양한 시간 규모의 예보를 만들죠.

마지막으로 기상 특보 및 기상 정보를 발표합니다. 태풍, 호우, 대설, 폭염 등 '위험 기상'이 예상될 때는 예보관이 특보를 발표해요. 특보를 통해 국민들에게 위험기상에 대비할 것을 알리고, 재난 관리 기관과 협력하여 피해를 최소화하려고 노력하죠. 계절별 기상 정보, 산업별 기상 정보 등도 예보관이 만들어 제공합니다.

3

기상 관측은
어떻게 할까?

일기 예보는 하늘, 땅, 바다 등 날씨에 영향을 미치는 모든 곳에서 측정한 수치에서 출발합니다. 정확한 관측을 위해서는 관측 장소에 맞는 다양한 장비가 필요합니다.

날씨, 기후, 기상의 차이 알기

'날씨가 좋다', '기후가 온난해졌다', '기상이 불안정하다'는 말을 들어본 적이 있을 겁니다. 비슷해 보이는 이 세 단어는 사실 각각 다른 의미를 가지고 있습니다.

날씨는 우리가 매일 경험하는 그때그때의 대기 상태를 말합니다. 오늘 아침에는 맑았다가 오후에는 비가 오고, 내일은 또 바람이 세게 분다거나 하는 것처럼 시시각각 변하는 대기의 상태죠. 우리가 매일 아침 일기 예보를 통해 확인하는 것이 바로 이 날씨입니다. 날씨의 중요한 특징은 시시각각 변한다는 점입니다. 예를 들어 오늘 아침 하늘이 맑았더라도, 오후가 되면 구름이 몰려와 비가 내릴 수 있어요. 서울은 맑은데 부산은 비가 내리는 것처럼 지역마다 다른 날씨를 보이기도 합니다.

반면 **기후**는 장기간에 걸친 날씨의 평균적인 상태를 말합니다. 세계기상기구는 보통 30년 동안의 관측 자료를 바탕으로 기후를 정의하고 있어요. 예를 들어 '서울의 8월 평균 기온은 26도'라고

할 때, 이는 30년간 8월의 기온을 평균 낸 값입니다.

우리나라가 4계절이 뚜렷한 이유는 우리나라가 위치한 곳의 기후적 특징 때문입니다. 전문 용어로는 **대륙 동안성 기후**라고 하는데, 대륙의 동쪽 해안 지역에서 주로 나타나는 기후죠. 여름에는 바다에서 불어오는 습한 계절풍의 영향으로 장마가 생기고, 겨울에는 시베리아에서 불어오는 차가운 북서풍의 영향으로 춥고 건조해집니다. 중국 동부, 일본, 미국 동부 해안 지역도 비슷한 기후를 보입니다.

반면 같은 위도대에 있더라도 지역에 따라 전혀 다른 기후가 나타나기도 해요. 예를 들어 이탈리아나 스페인이 있는 지중해 연안은 **지중해성 기후**를 보입니다. 여름에는 고기압의 영향으로 맑고 건조한 날씨가 이어지고, 겨울에는 비가 자주 내리죠. 우리나라처

럼 한여름 장마나 한겨울 눈보라는 거의 없답니다.

그렇다면 기상은 무엇일까요? **기상**은 날씨와 기후를 포함한 대기에서 일어나는 모든 현상을 의미합니다. 비나 눈이 내리는 현상, 구름이 생기고 사라지는 현상, 번개가 치는 현상 등 대기에서 일어나는 자연 현상을 통틀어 기상이라고 해요. 그래서 이런 현상을 연구하는 학문을 '기상학'이라고 부르는 것이죠.

날씨, 기후, 기상의 관계는 마치 옷장 속 옷과 비슷합니다. 오늘 내가 입은 옷은 '날씨'와 같고, 내 옷장 전체의 스타일은 '기후'와 같습니다. 그리고 옷과 관련된 모든 것(옷 입기, 빨래, 다림질 등)이 '기상'과 같다고 할 수 있죠.

AWS로 땅의 기상 관측하기

일기 예보를 하기 위해 가장 중요한 것은 무엇일까요? 바로 **관측 자료**입니다. 좋은 컴퓨터와 노련한 예보관이 있어도 관측 자료가 없으면 일을 할 수 없거든요. 그러면 관측할 기상 요소에는 어떤 것이 있을까요? 기온, 그리고 기압, 습도, 바람의 방향과 속도, 강수량, 구름의 종류와 양 등이 되겠지요.

이런 기상 요소는 한 곳에서만 측정하는 것이 아니라 우리나라 전역에서 측정합니다. 또 지상에서만 측정하는 것이 아니라 하늘 높은 곳에서도 측정해야 하죠. 높은 산에 올라가면 기온이 내려가고 기압이 낮아지는 것처럼, 높이에 따라 기상 요소의 값이 달라지기 때문입니다. 그래서 기상 관측은 크게 '지상 관측'과 '상층 대기 관측'으로 나뉩니다.

지상 관측에 대해 먼저 알아보죠. 기상 관측에서 가장 중요한 것은 무엇보다도 지표면의 기상 요소, 기온, 습도, 기압, 바람의 방향과 속도 등이지요. 기상 관측의 기본입니다.

예전에는 사람이 직접 관측 장비를 다루고 기상 요소도 측정하고 기록하는 **수동 관측 방식**이 주를 이루었습니다. 사람이 정해진 시간에 온도계, 습도계, 기압계 등의 장비를 직접 읽고 기록하며, 강수량이나 풍향, 풍속 등도 수동으로 측정했습니다. 이러한 수동 관측은 관측자의 숙련도에 따라 관측값의 정확도가 달라졌고, 인력과 시간이 많이 소요되는 작업이었습니다. 사람이 가기 힘든 곳에서는 측정도 힘들었고요.

하지만 지금은 다릅니다. 현재 우리나라 기상청에서는 지상 관측을 위해 AWS(Automatic Weather Station, 자동기상관측장비)를 사용합니다. 이 장비는 1988년에 처음 도입되었습니다. AWS는 각종 센서를 통해 기상 요소를 자동으로 측정하고, 측정된 데이터를 장비가 알아서 실시간으로 전송합니다. 사람이 관측하는 것에 비해 일손이 훨씬 줄어든 것도 좋은 점이지만, 그보다 더 중요한 것은 따로 있습니다.

AWS는 1분 단위로 관측합니다. 사람이 직접 할 때는 1시간에 한 번 혹은 두세 시간에 한 번, 아주 외지고 접근하기 힘든 곳이면 하루에 한두 번 관측할 수밖에 없었습니다. 그런데 AWS가 1분마다 자동으로 관측해서 전송하니 기상 요소의 시간적 변화를 더 세밀하게 파악할 수 있습니다. 더구나 사람이 계속 있을 필요가 없으니 이전보다 훨씬 많은 관측소를 운영할 수 있습니다. 대한민국 전역을 촘촘하게 관측하니 더욱 조밀한 관측 네트워크를 구성할 수 있게 되었습니다.

AWS는 센서와 데이터 로거(센서로 측정한 데이터를 기록하고 보존하는 장치), 통신부, 전원부, 표출부로 구성됩니다. 센서는 대기온도, 상대습도, 풍향, 풍속, 일사량, 일조시간, 강수량, 대기압, 지중온도, 시정(가시거리) 등의 데이터를 측정합니다. 이 데이터는 **데이터 로거**라는 일종의 작은 컴퓨터에서 처리하고, **통신부**는 이 데이터를 기상청의 자료 수집 서버로 무선 또는 유선으로 전달합니다. **전원부**는 이 모든 일을 하기 위한 전력을 공급하는데, 섬이나 산에 위치한 경우 태양광을 이용한 자가 발전도 담당하고 있습니다.

AWS를 통해 수집된 방대한 양의 기상 자료는 '수치 모델'의 입력 자료로 활용되어 예보 정확도 향상에 직접적인 영향을 미칩니다. 수치 모델은 뒤에 다시 설명하겠지만 초기 조건이 아주 중요합니다. 이 초기 조건의 핵심이 바로 AWS의 기상 관측 자료입니다. 또한 AWS 자료는 수치 모델의 검증 자료로도 활용됩니다. 수치 모델이 예측한 값과 실제 측정값을 비교하여 예측 성능을 평가하고 개선하는 데 큰 도움이 되죠.

AWS는 현재 700여 대가 운영되고 있습니다. 그리고 좀 더 큰 규모의 '종관기상관측장비(ASOS, Automatic Synoptic Observation System)'도 지상 관측 장비 중 하나입니다. 이 장비는 기상대나 지

강릉지방기상청이 운영하는 종관기상관측장비

방 기상청에 설치된 장비로 AWS가 관측하는 기상 요소 외에 일
조, 일사, 초상 온도(풀 위의 온도), 지면 온도(맨땅 또는 짧은 잔디
밑의 온도), 지중 온도(땅 속 토양의 온도) 등을 추가로 관측하고 있
습니다. 현재 전국에 98대가 운영되고 있지요.

AWS 활용법

내가 사는 곳의 과거 날씨를 자세히 분석해 보고 싶다면 어떻게 해야 할까요? 기상청자료개방포털(https://data.kma.go.kr)은 AWS 로 분석한 기상 자료를 공개하고 있습니다.

예) 2024년 서울 지역의 최고기온이 나타난 날, 최저기온이 나타난 날을 비교해 주세요.

기상청자료개방포털 메인화면에서 데이터 → 기상 관측 → 지상 → 방재기상관측(AWS)을 클릭하세요. 자료가 필요한 지역, 시간 자료(일, 월, 년, 분), 날씨(기온, 강수, 바람, 기압, 습도)를 설정하면 상세한 자료를 확인할 수 있습니다.

※조회 결과는 10건만 표출 됩니다. 상세결과는 파일 다운로드를 이용해주세요

지점	시간	최고기온 나타난날 (yyyymmdd)	최저기온 나타난날 (yyyymmdd)
관악(례)(116)	2024	20240804	20240123
강남(400)	2024	20240804	20240123
서초(401)	2024	20240619	20240123
강동(402)	2024	20240813	20240123
송파(403)	2024	20240804	20240123
강서(404)	2024	20240813	20240123
양천(405)	2024	20240814	20240123
도봉(406)	2024	20240911	20240123
노원(407)	2024	20240619	20240125
동대문(408)	2024	20240804	20240123

　　최저기온이 나타난 날은 대부분 1월이지만, 최고기온이 나타난 날은 차이가 큽니다. 서초는 6월, 도봉은 9월에 나타납니다. 각각 몇 도일까요? 서초구는 여름이 일찍 시작됐다는 뜻일까요? 기간 설정을 2024년 6월~9월로 하고, 서초구와 도봉구의 평균기온을 비교해 보면 어떨까요?

　　이렇게 AWS를 활용해 자신이 살고 있는 지역의 날씨를 분석하고 그 의미를 파악해 보세요!

라디오존데로 하늘의 기상 관측하기

지구의 대기권은 지상에서 약 1,000km까지 뻗어 있지만 날씨에 가장 큰 영향을 주는 대류권은 대략 지상 10km 정도이고, 성층권은 10~50km까지입니다. 겨울철 날씨에 큰 영향을 주는 제트기류도 성층권에 위치합니다. 구름도 모양과 높이에 따라 다양한데, 이 또한 날씨에 큰 영향을 줍니다.

따라서 제대로 된 일기 예보를 위해선 지표면뿐만 아니라 **상층의 기상 관측도 필수적이지요.** 하지만 19세기 중반까지는 상층 기상 관측은 눈으로 구름을 살펴 그 모양을 보고, 구름의 이동 방향과 속도로 바람의 풍속과 풍향을 짐작하는 정도밖에는 할 수 없었습니다. 하늘로 올라갈 방법이 없었으니까요.

하지만 상층 대기 상황을 파악할 필요는 계속 제기됐죠. 그러다 19세기 후반 들어서는 **기상 자동 기록계**(meteograph)를 연에 매달아 하늘 높이 올리는 방식으로 상층 기상 관측을 시작했습니다. 이 장치는 커다란 나무 박스 내부에 기록지와 온도계, 습도계, 고

강원지방기상청 라디오존데

도계가 들어 있어 연속 기록이 가능한 장비입니다. 하지만 연줄로 연결되어 있어야 하니 아주 높이 올리기가 힘들었고, 돌풍이라도 불면 조종하기가 어려웠습니다. 더구나 줄이라도 끊어지면 장비에 기록된 내용을 잃어버리기 일쑤였죠.

그러다 1892년, 프랑스의 구스타브 에르미트와 조르주 브 장송이 풍선을 이용하여 기상 자동 기록계를 날렸습니다. 이 자료를 통해서 대류권과 성층권을 처음으로 구분했죠. 어느 정도 올라가면 풍선이 터지지만 기상 자동 기록계는 낙하산을 갖추고 있어 회수가 가능했습니다.

20세기 초 드디어 **라디오존데**가 만들어졌습니다. 라디오존데는 '라디오'와 '존데'의 합성어입니다. '존데'는 프랑스어로 '원격으로 물리적 상태를 관측하는 장치'라는 뜻이고, '라디오'는 '전자기파

로 정보를 전달한다'는 뜻에서 붙였습니다. 우리가 아는 라디오도 전파로 소리를 전달하는 거죠. 처음에 라디오존데는 수소 풍선을 이용했습니다. 수소 풍선은 가벼우니 계속 위로 올라갔죠. 나중에는 수소가 폭발 위험성이 있어, 헬륨으로 바꿨습니다.

풍선에 매단 라디오존데는 올라가면서 시시각각으로 변하는 기상 요소를 측정하고 이를 전파로 송신했습니다. 이제 풍선이 터지기 전까지 실시간으로 정보를 전달하므로, 줄이 끊어져도 걱정도 없고, 회수할 필요도 없고, 사람이 직접 조종하지 않아도 되어 상당히 편리했지요.

우리나라는 1950년대부터 라디오존데 관측을 시작했습니다. 현재는 기상청 전국 8곳(포항, 백령도, 강릉, 흑산도, 국가태풍센터, 창원, 덕적도, 안마도)과 공군기상대 전국 2곳(오산, 광주)에서 4회(3

시, 9시, 15시, 21시) 정규 관측을 하고, 그 외 1~2회 라디오존데를
날려보냅니다. 이 라디오존데는 대략 37km 높이까지 올라가는데,
그 높이는 헬륨 가스로 가득 찬 풍선보다 외부 기압이 훨씬 더 작
기 때문에 부풀어 터집니다. 라디오존데는 일회용입니다. 사람이
다치거나 구조물을 파괴할 수 있어서 낙하산으로 추락하는 속도
를 줄이지만, 재사용을 하는 경우는 극히 드뭅니다.

  그런데 우리나라가 라디오존데를 올리는 곳은 주로 서해안 쪽
입니다. 그 이유는 우리나라가 편서풍 지역에 속해 있기 때문입니
다. 즉, 공기의 흐름이 주로 서에서 동으로 이어지기 때문에 서쪽
상층 기상이 더 중요하기 때문이지요.

  아울러 '지상 관측소'는 600곳이나 되는데, 라디오존데는 총 10
곳밖에 되지 않는 이유는 무엇일까요? 지상에 비해 **상층 대기**는

비교적 단순하기 때문입니다. 지상은 산과 바다, 도시와 농촌, 숲과 초지 등 다양한 지형과 환경에 따라 좁은 지역 사이에서도 수많은 기상 변화가 일어납니다. 하지만 대기권의 상층부는 말 그대로 공기만 존재하는 곳이라 기상 요소의 변화가 상대적으로 작습니다. 그래서 몇 군데만 확인해도 큰 문제가 없는 것이지요.

라디오존데는 기압, 기온, 습도 센서, 무선 송신기, 배터리 등으로 구성됩니다. 이 장비를 풍선에 매달아 상층으로 날려보내면, 라디오존데가 매초 기압, 기온, 습도를 측정하고, 이 데이터를 무선으로 지상의 수신기에 전송합니다. 동시에 지상에서는 라디오존데의 위치를 추적하여 상층 바람의 속도와 방향을 계산합니다.

최신 라디오존데는 GPS를 이용한 바람 관측, 오존 농도 측정 등 다양한 기능을 갖추고 있습니다. 라디오존데의 센서 기술과 배터리 성능도 지속적으로 향상되어, 이전보다 더 높은 고도까지 관측이 가능합니다. 과거에는 약 20~30km 고도까지 관측하였으나, 현재는 35km 이상의 고도까지 관측할 수 있습니다. 이를 통해 대류권뿐만 아니라 성층권 하부까지의 상층 대기 상태를 파악할 수 있게 되었습니다.

라디오존데가 도입된 이후, 상층 대기의 수직 구조에 대한 이해가 크게 향상되었습니다. 라디오존데 관측을 통해 얻은 상층 기상 자료는 일기도 작성과 예보관 브리핑 등에 활용되며, 예보의 정확도 향상에 기여하고 있습니다. 그리고 라디오존데 자료는 기상 통신망을 통해 다른 나라의 기상청과 공유하죠. 물론 우리나라도 다른 나라의 라디오존데 자료를 실시간으로 받고 있고요.

아울러 우리나라 기상청에서는 라디오존데 대신 레윈존데 (Rawinsonde)라고 합니다. 바람의 방향과 속도를 측정하는 기능이 추가됐기 때문입니다.

해양 기상 부이로 바다의 기상 관측하기

우리나라처럼 바다와 접하고 있는 나라에서는 바다의 기상 요소를 파악하는 것도 상당히 중요합니다.

하지만 육지가 아닌 바다에서 어떻게 기상 관측을 할까요? 육지와 가까운 바다라면 **등표 기상 관측 장비**가 있습니다. 등대 같은 해안의 구조물에 자동 기상 관측 장비와 영상 촬영 장비, 파고계를 설치한 것이죠. 서해안과 남해안에 총 8대가 있습니다. 그리고 '연안 기상 관측 장비'도 해안을 따라 설치되어 있습니다.

그러나 육지에서 먼 바다는 이런 장비를 설치할 수가 없지요. 그래서 **해양 기상 부이**(Marine Meteorological Buoy)가 필요합니다. 해양 기상 부이는 바다에 떠 있는 구조물로, 각종 기상 센서와 해양 센서, 통신 장비, 전원 공급 장치 등으로 구성됩니다. 바다 위의 AWS라고나 할까요?

부이 '상부'에는 풍향·풍속계, 기압계, 기온·습도계 등의 기상 센서가 설치되어, 해상의 기상 요소를 측정합니다. 하지만 AWS와

해양 기상 부이

조금 다른 건 부이 '하부'입니다. 여기에 수온 센서, 파고계, 파주 기계 등의 해양 센서가 설치되어, 해수면 아래의 수온과 파랑(잔물결과 큰 물결) 정보를 수집합니다.

우리나라는 전국 연안 23곳(서해안 11곳, 남해안 7곳, 동해안 5곳)에 해양 기상 부이가 운영되고 있습니다. 우리나라 주변 해역의 해양 기상을 입체적으로 관측할 수 있는 기반입니다. 그중 대부분은 영상 장비가 설치되어 있어 실시간으로 해당 지역 바다와 하늘의 상황을 알 수 있습니다.

해양 기상 부이에서 관측된 자료는 위성 통신망 또는 이동 통신망을 통해 실시간으로 육상의 기상 관측소로 전송됩니다. 수집된 자료는 품질 검사를 거쳐 데이터베이스에 저장되며, 각종 해양 기상 정보와 예보 자료로 활용됩니다.

  초기의 해양 기상 부이는 관측 요소와 자료 전송 방식이 제한적
이었으나, 현재는 기술 발전으로 크게 개선되었습니다. 최신 해양
기상 부이는 다양한 기상·해양 센서를 탑재하여 보다 종합적인 관
측이 가능해졌습니다. 위성 통신망과 이동통신망을 효과적으로
활용하여 안정적이고 신속한 자료 전송이 이루어지고 있습니다.

  최근에는 기후변화 감시, 해양 환경 모니터링 등 새로운 목적의
해양 기상 부이도 개발되고 있습니다. 이를 위해 이산화탄소, 산
성도, 용존 산소 등 해양 환경 요소를 측정하는 센서가 부가되거
나, 부이의 내구성과 전원 공급 능력이 강화되는 등의 기술 개선
이 이루어지고 있습니다.

  국제 협력을 통한 전 지구적 해양 관측망 구축에도 해양 기상
부이가 중요한 역할을 합니다. 각국이 운영하는 해양 기상 부이

자료를 공유하고 통합 분석함으로써, 전 지구적인 해양 기상·기후 감시와 예측 능력을 향상할 수 있습니다.

이외에도 '표류 부이'와 '웨이브 글라이더'도 사용합니다. **표류 부이**는 말 그대로 한곳에 정지해 있는 것이 아니라 바닷물의 흐름을 따라 떠다니며 관측을 하죠. 특히 태풍이 발생하면 예상 진로에 표류 부이를 설치해서 태풍을 감시합니다. **웨이브 글라이더**는 태양광 전지로 자체 충전을 하는 일종의 '무인 해상 자율 로봇'입니다. 바다를 떠다니며 파도의 높이와 주기, 바람의 방향과 속도, 기압, 기온, 수온 등을 관측합니다. 양방향 통신이 가능하고 원격으로 이동 경로를 제어할 수도 있습니다.

일기 예보는 기상 관측 기술 장비의 발전과 수치 모델 시스템 발전이
결합하면서, 보다 정확하고 정교한 수치를 예측하고 있습니다.

2장 현대 기상 관측의 핵심 기술

위성과 레이더

전 지구의 날씨를 파악하기 위해 가장 중요한 일은 지구 밖에서 지구를 관찰하는 것이겠죠. 이를 위해서는 기상 위성이 필수적입니다. 특히 기상 위성은 기후변화를 예측하는 데 중요한 역할을 합니다.

기상 위성은 왜 필요할까?

기상 관측하면 가장 먼저 떠오르는 것 중 하나는 **기상 위성**입니다. 뉴스에도 자주 등장하죠. 그럼 기상 위성은 기상 관측에서 어떤 역할을 하는 걸까요?

우리나라 기상 위성은 적도 상공에 떠 있습니다. 그곳에서 지구의 절반을 볼 수 있죠. 구름의 양과 높이, 폭, 지표면의 온도, 바다의 온도, 태풍, 비나 눈이 오는 정도 등 다양한 기상 현상을 관측합니다.

이를 통해 지상 관측만으로는 불가능한 지역에 대한 기상 요소 초기값을 추정할 수 있게 해 줍니다. 앞서 말했듯, 지상 관측, 상층 대기 관측, 해양 관측을 다양한 장비를 통해서 수행하지만 우리나라 부근이라는 한계를 벗어날 순 없습니다. 그리고 다른 나라의 기상 자료도 자국 부근을 벗어나기 힘들죠. 태평양의 대부분은 다른 방법으로는 기상 요소를 관측할 수 없습니다. 시베리아나 중국, 동남아시아의 열대 우림 등 관측이 어려운 곳이 많죠. 이런

곳의 기상 요소를 추정하는 가장 강력한 수단이 기상 위성입니다. 이처럼 기상 위성은 지구 전체의 기상 예측을 할 수 있습니다.

아울러 우리나라에 영향을 미치는 요소를 좀 더 자세히 관찰합니다. 중국에서 발생한 황사나 우리나라 주변 해역의 적조 현상, 중국의 황하와 양쯔강에서 유입되는 탁한 물에 대한 파악에 큰 역할을 합니다. 겨울에는 시베리아 지역의 상층 대기 분석, 6월에는 장마의 중요 원인인 북태평양 고기압과 오호츠크해 고기압의 변화 등을 중점적으로 관측합니다.

또 하나 우리나라 기상 위성의 중요 임무는 **태풍의 관측**입니다. 우리나라에 가장 큰 피해를 주는 기상 현상이라면 단연코 태풍이죠. 거의 매년 태풍에 의한 피해가 발생합니다.

우리나라에 기상 위성이 있기 전에는 미국과 일본 기상 위성의

자료를 썼습니다. 그러다 2011년 **천리안 기상 위성**이 활동을 정식으로 개시한 후 우리나라도 독자적으로 태풍을 감시할 수 있게 되었죠. 태풍은 주로 적도 위쪽의 태평양에서 발생해서 처음에는 무역풍을 따라 서쪽으로 갔다가, 편서풍지역에 들어서면 다시 동쪽으로 그 궤도를 틉니다.

기상 위성은 이 태풍이 처음 만들어질 때부터 지속적으로 관찰합니다. 그리고 앞서 이야기한 것처럼 한반도를 중심으로 지구 반쪽에 대한 기상 요소도 관측하죠. 이 둘을 기반으로 태풍의 발달 정도, 예상 경로를 미리 예측합니다. 이 작업은 주로 제주도 서귀포에 있는 기상청 산하 국가태풍센터에서 이루어집니다.

그런데 왜 **전 지구적 관측**을 하는 걸까요? 그냥 우리나라 주변만 관측하면 편할 텐데요. 이유는 몇 가지가 있습니다. 일단 우리

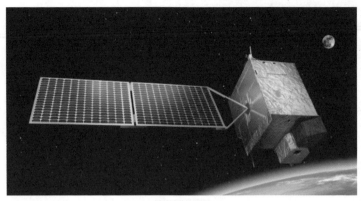

천리안위성 2B호

나라 날씨가 주변의 기상 요소에 영향을 받기 때문이죠. 그래서 기상청은 전 지구적 관측을 바탕으로 계산을 해서, 이를 기반으로 우리나라 날씨를 예보합니다. 따라서 우리나라 날씨 예보를 잘하기 위해서도 전 지구적 관측이 필요합니다.

기상 위성은 **장기 예보**를 위해서도 꼭 필요합니다. 지구 전체의 관측 자료를 토대로, 전 지구적 날씨 예측을 할 수 있어야 긴 시간에 걸친 전망이 가능하니까요. 엘니뇨나 라니냐, 히말라야산맥의 빙하, 태평양 바다의 온도, 시베리아나 오스트레일리아의 지표 온도 등이 우리나라 겨울이 추울지 따뜻할지, 눈이 많이 올지 아니면 별로 오지 않을지에 대해 큰 영향을 미치거든요.

또 중요한 것은 **기후 위기** 문제에 대한 대응입니다. 지금 현재의 기상 현황과 이전의 기상 현황에 대해 우리나라뿐만 아니라 전 지

	천리안위성 1호	천리안위성 2A호	천리안위성 2B호
임무수명	7년	10년	
임무	위성통신, 기상 및 해양 관측	기상 및 우주기상관측	대기환경 및 해양관측
운용궤도	정지궤도(위성운용경도 동경 128.2도)	정지궤도(위성운용경도 동경 128.2도)	정지궤도(위성운용경도 동경 128.2도)
무게	2.5t	3.5t	3.4t
위성 개발방식	해외공동개발	국내독자개발	국내독자개발
해상도	• 기상탑재체: 1km(가 시채널, 흑백), 4km(적 외채널) • 해양탑재체: 500m	• 기상탑재체: 500m, 1km(가시채널, 컬러), 2km(적외채널)	• 해양탑재체: 250m • 환경탑재체: 7×8㎢ (서울기준)
채널수	• 기상탑재체: 5채널 • 해양탑재체: 8채널	기상탑재체: 16채널	• 해양탑재체: 13채널 • 환경탑재체: 1,000채널
크기	(발사시) 2.9×2.2×3.3m (궤도상) 5.3×8.7×3.3m	(발사시) 2.9×2.4×4.6m (궤도상) 3.8×8.9×4.6m	(발사시) 2.9×2.4×3.8m (궤도상) 2.9×8.8×3.8m
데이터 전송속도	6.2Mbps	115Mbps	115Mbps

우리나라가 개발한 기상 위성 비교

구적으로 관측을 해야 앞으로 어떤 변화가 있을지 예상할 수 있습니다. 이를 위해서도 기상 위성은 필수적이지요.

마지막으로 **선진국**으로서의 책임입니다. 우리나라는 해방 이후에도 기상 분야에서 다른 나라의 도움을 많이 받았습니다. 당시 선진국이었던 미국, 유럽, 일본의 도움이 컸지요. 특히 일본의 도움이 상당했습니다. 우리가 기상 위성을 가지기 전에는 항상 일본 기상 위성의 데이터를 사용했죠. 수치 모델도 처음에는 일본 것을 썼습니다. 그래서 기상청은 독자적인 수치 모델과 우리 기상 위성을 모두 가지고 운영하게 된 2011년을 '기상 독립의 해'라고 평가합니다.

이제 우리는 기상 관측과 관련한 기술과 경험, 재정 등 모든 방면에서 기상 관측이 세계에서 가장 앞선 나라 중 하나가 되었습니다. 예전에 우리가 도움을 받았던 것처럼, 이제 우리도 아직 그 정도까지 올라서지 않은 나라에 도움을 줄 수 있고, 또 주어야 하지요. 실제로 우리나라 기상 위성의 관측 자료는 동남아시아의 많은 나라에 제공하고 있습니다.

기상 위성의 관측 원리는 무엇일까?

기상 위성은 크게 두 종류가 있습니다. 하나는 지상 가까이서 빠르게 도는 '극궤도 위성'이고, 다른 하나는 멀찍이서 천천히 도는 '정지궤도 위성'입니다. 지구 주위를 도는 인공위성은 지상에서부터의 높이에 따라 공전 주기가 정해집니다.

극궤도 위성은 지구 상공 850km 높이에 있습니다. 비교적 지상에서 가까워서 약 2시간에 한 번 지구를 돕니다. 위아래로 북극과 남극을 지나기 때문에 극궤도 위성이라 부르지요. 이 위성이 지구를 한 바퀴 도는 동안 지구는 계속 자전을 합니다. 다음 번 같은 자리로 올 때 지구는 30도를 회전한 뒤입니다. 12시간마다 지구 전체를 둘러볼 수 있는 장점이 있습니다. 그리고 지상에서 가까우니 좀 더 세밀하게 살펴본다는 점도 장점이지요. 현재 이 궤도의 기상 위성은 미국과 유럽, 중국이 운영 중입니다.

정지궤도 위성은 지구 상공 36,000km 높이에 위치합니다. 극궤도 위성에 비해 훨씬 높은 곳에 있지요. 이 궤도에서는 위성의 자

전 주기와 지구의 자전 주기가 같습니다. 지상에서 보면 가만히 떠 있는 것 같아 정지궤도 위성이라 부릅니다. 극궤도 위성보다 워낙 높은 곳에 있어서 관찰 사진의 해상도는 떨어지지만, 같은 곳을 계속 보니까 시간에 따른 변화를 관찰하는 데에는 안성맞춤입니다. 우리나라의 기상 위성 '천리안'이 정지궤도 위성이지요.

그럼 기상 위성의 **관측 원리**는 무엇일까요? 태풍 뉴스를 보면 늘 위성에서 찍은 태풍 영상이 있지요. 그래서 우린 기상 위성이 카메라로 지구를 찍는다고 생각합니다. 틀린 말은 아닙니다. 기상 위성의 주된 임무는 영상을 찍는 거죠.

그런데 카메라가 우리가 쓰는 것과 조금 다릅니다. 우리가 일상에서 사용하는 카메라는 눈으로 볼 수 있는 모든 색(가시광선)을 한 번에 찍습니다. 즉, 빨강, 파랑, 초록 등 모든 색이 섞인 이미지를 생성합니다.

그러나 기상 위성에 장착된 카메라의 각 채널은 정해진 특정 파장만을 촬영하도록 설계되어 있습니다. 예를 들어 한 채널은 가시광선을 촬영하고, 다른 채널은 적외선 영상을 촬영합니다.

지금은 은퇴한 우리나라 최초의 기상위성 천리안 1호에는 5개의 채널이 있었습니다. 각 채널의 이름은 가시 영상, 단파 적외 영상, 수증기 영상, 적외1 영상, 적외2 영상입니다.

가시 영상은 가시광선 영역을 찍는 것이니, 당연히 밤에는 찍을 수 없죠. 이 영상은 흑백 구분만 됩니다. 주로 구름을 찍는 데 사용합니다. 구름의 물방울과 빙정이 반사하는 빛을 찍는 거죠. 반사되는 정도가 크면 클수록 하얗게 찍히니 구름의 두께와 표면 모양 등을 알 수 있습니다.

나머지 네 개는 모두 적외선 영역인데 파장에 따라 구분했습니다. 그런데 이 적외선은 가시광선과 달리 반사된 빛이 아니라 물체가 내놓는 빛입니다. 온도가 낮을 경우 가시광선 영역이 아니라 적외선 영역의 전자기파를 내죠. 이때 내놓는 전자기파의 세기와 파장은 물질의 온도에 의해 결정됩니다. 이 원리를 이용해 **단파 적외 영상**은 하층운이나 안개, 해수면, 지표면 온도를 추정하는 데 사용할 수 있습니다.

수증기 영상은 대기 중의 수증기가 $6.5 \sim 7 \mu m$(마이크로미터) 파장의 적외선을 잘 흡수하는 성질을 이용했습니다. 지표면이나 바다 표면에서 방출된 적외선 중 이 파장은 대기 상층의 수증기에 잘 흡수됩니다. 이를 이용해 대류권 상층의 수증기량을 파악할 수 있고, 대류권 상층의 공기 흐름과 바람 방향도 알 수 있습니다.

적외1 영상과 **적외2 영상**은 이보다 좀 더 긴 파장의 적외선을 촬영합니다. 이 파장의 적외선은 대기권에서 거의 흡수가 되지 않아 '대기의 창'이라 부르는데, 이를 이용해서 지표면의 온도와 황사, 화산 구름의 이동을 파악할 수 있습니다.

우리가 보는 위성 사진은 이렇게 여러 채널을 통해서 촬영한 영상을 국가기상위성센터에서 보정과 합성을 거친 뒤 적절히 색을 입힌 것이죠.

참, 하나 더! 이론적으로 정지궤도 위성인 천리안 위성은 지구 전체를 한꺼번에 촬영할 수 있지만 해상도가 낮습니다. 그래서 마치 우리가 휴대폰으로 촬영할 때 줌 인을 했다가 줌 아웃도 하는 식

위성 사진은 여러 채널을 통해서 촬영한 영상을 보정하고 합성해서 만든다.

으로 시야를 좁혀서 한반도 주변을 한 번, 동아시아 영역을 한 번 씩 2분 간격으로 촬영하고, 지구 전체는 10분마다 촬영을 합니다.

기상 레이더는 무엇을 관측할까?

기상 현상 중 눈이나 비, 우박이 오는 것은 확률적으로 예측할 수는 있지만 실제 얼마나 오고 있는지, 강우 범위는 어떤지를 지상 관측 장비만 가지고 살펴보기에는 한계가 있습니다.

우리나라에는 AWS가 700여 개 있지만 여전히 장비들 사이의 빈 공간이 있기 때문이지요. 그리고 도시나 산악 지역 등은 아주 좁은 지역에서도 비가 오는 정도, 우박이 쏟아지는 곳과 그렇지 않은 곳 등이 다른 경우가 많습니다. 이런 경우 지상 관측만으로는 국지적이고 급변하는 기상 현상을 파악하는 데 한계가 있죠. 벼락도 마찬가지입니다.

이런 **위험 기상**을 조기에 감지하고 대비할 수 있는 관측 수단이 필요했습니다. 위험 기상은 일상생활에 어려움과 피해를 끼치는 기상 현상을 말합니다. 태풍, 집중호우, 폭설, 한파, 폭염 등이 이 범주에 속합니다. 이와 함께 번개, 폭우, 우박, 돌풍 등도 위험 기상에 속하는데 이들 현상은 규모가 작고 수명이 짧아 정확히 예보

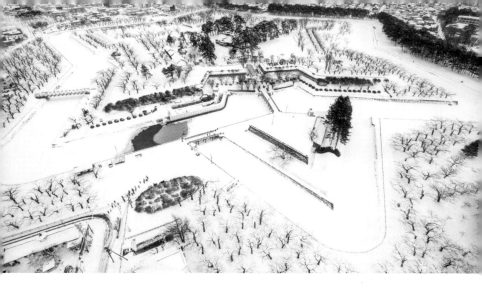

하기 어려운 것이 특징입니다. 이런 상황을 위해 기상 레이더가 쓰입니다. 따라서 레이더가 주로 관측하는 것은 비, 눈, 우박입니다.

기상 레이더가 비나 눈 등을 관측하는 원리는 무엇일까요? 레이더는 전자기파를 쏘아 목표물, 즉 빗방울, 눈송이, 우박에 맞고 돌아오는 신호를 통해 목표물의 위치, 크기, 이동속도 등을 파악합니다. 그래서 레이더를 쏜 후 전자기파가 되돌아오는 시간을 가늠하면 목표물까지의 거리를 알 수 있습니다. 또 반사파의 세기와 위상 변화 등을 통해 목표물의 특성을 파악합니다.

레이더는 전파를 이용하기 때문에 먼 거리의 물체도 탐지할 수 있고 날씨에 크게 영향을 받지 않는다는 장점이 있습니다. 이런 기상 레이더의 장점은 넓은 지역의 강수 분포와 이동을 실시간으로 파악할 수 있다는 점입니다. 비가 오는 지역을 레이더로 지속적

으로 추적하면 강수 시스템의 발달과 쇠퇴 과정을 상세하게 분석할 수 있게 됩니다. 단기 예보의 정확도가 크게 향상되겠죠. 즉, 기상레이더는 **단기 예보**나 **초단기 예보**에 주로 많이 쓰이는 관측 장비입니다.

우리나라는 1969년에 관악산에서 '기상 레이더' 운영을 시작했습니다. 현재는 총 11대의 레이더가 우리나라 전체를 관할하고 있습니다. 레이더가 살필 수 있는 이론적 범위는 약 200km이지만 멀어질수록 관측 자료의 질이 떨어집니다. 대기에 의한 굴절 현상으로 인해 레이더가 휘게 되기 때문이죠. 또한 지구가 둥글다 보니 직선으로 레이더를 쏘면 먼 곳에는 레이더가 탐지하는 높이가 더 높아지는 것도 이유 중 하나입니다. 대기 중 산란으로 인해 레이더의 세기가 약해지기도 합니다.

　레이더의 위치와 종류에 따라 **관측 반사도**의 차이가 나기 때문에 대략 100km 정도 간격마다 레이더를 설치해 관측 범위가 서로 겹치게끔 합니다. 주로 해안을 따라 설치되어 있는데, 이는 내륙과 해양 양쪽을 모두 살펴보기 위해서입니다.

　내륙 관찰을 위한 레이더는 관악산(서울)과 광덕산(충남)에 있습니다. 해양 쪽에 배치된 레이더는 서해와 동해로 구분해 배치되어 있습니다. 서해 쪽으로는 백령도(인천), 인천공항, 오성산(전북), 진도(전남)에, 동해 쪽으로는 강릉, 면봉산(포항), 구덕산(부산)에 있습니다. 제주도에는 제주 동쪽과 서쪽, 남쪽을 훑기 위해 고산과 성산에 배치되어 있습니다. 기상청에서는 이들 레이더기지에서 보내온 자료를 합성하여, 마치 한 대의 레이더가 관측한 것처럼 연속된 레이더 자료를 만듭니다. 이를 통해 강수량을 추정할 수 있죠.

처음 기상 레이더가 도입되었을 때는 '단일 편파 레이더'를 운영하였으나, 지금은 '이중 편파 레이더'로 업그레이드하였습니다.

빛은 일종의 파동으로 '단일 편파 레이더'는 한쪽 방향으로 파동이 진행됩니다. '이중 편파 레이더'는 가로와 세로 두 방향으로 레이더를 쏩니다. 이렇게 하면 강수 입자의 종류, 크기, 모양, 밀도 등을 보다 상세하게 파악할 수 있습니다.

우박과 큰 빗방울은 크기가 비슷해서 **단일 편파 레이더**로는 구분하기가 쉽지 않습니다. 특히 빗방울은 떨어지면서 공기의 저항과 중력에 의해 좌우보다 위아래 폭이 좁아지는데, 우박은 고체라 영향을 덜 받아 좌우와 위아래가 비슷한 폭을 가집니다. 이중 편파 레이더는 이런 폭의 차이를 구분할 수 있죠.

정확한 관측을 방해하는 상황이 생기기도 합니다. 전투기나 군함에서는 적의 레이더가 자신을 찾지 못하게 '채프'라는 물질을 뿌립니다. 우리나라 주변에서도 중국이나 우리나라, 북한 등 여러 나라의 전투기와 군함에서 이런 물질을 뿌리죠. 또 다른 지역에서 뿌린 채프가 우리나라 기상 레이더 관측 범위로 흘러들어오기도 합니다. 이를 '단일 편파 레이더'로 관측하면 비가 내리는 것과 비슷합니다. 이때 **이중 편파 레이더**는 빗방울과 우박을 구분하는 것처럼 채프와 빗방울도 쉽게 구분합니다.

일기 예보 용어 해설

● 하늘 상태 표현

표현 용어	구름량(운량)	비고
맑음	구름이 0~5할의 상태	
구름 많음	구름이 6~8할의 상태	
흐림	구름이 9~10할의 상태	

● 바람(풍속) 표현

표현 용어	바람 강도	비고
약간 강한 바람	바람의 세기가 4~9m/s 미만	강풍 특보 기준 • 주의보: 14m/s 이상, 순간 20m/s 이상 • 경보: 21m/s 이상, 순간 26m/s 이상
강한 바람	바람의 세기가 9~14m/s 미만	
매우 강한 바람	바람의 세기가 특보 수준에 도달될 것으로 예상되거나 그 이상일 경우	

연구관

　연구관은 기상·기후 분야의 과학자라고 할 수 있어요. 대기 물리, 기후변화, 수치 모델 개발 등 다양한 분야에서 연구를 수행하죠. 새로운 관측 기술을 개발하거나, 수치 모델의 성능을 개선하는 연구를 진행해요. 이를 통해 더 정확한 일기 예보와 장기적인 기후변화 대응 정책 수립에 기여하고 있어요. 연구관은 국내외 대학, 연구소 등과도 활발히 교류하며 기상·기후 과학 발전을 위해 노력하고 있답니다.

　첫 번째로 연구관이 하는 가장 중요한 일 중 하나가 수치 모델 개발 및 개선입니다. 수치 모델은 현대 일기 예보의 핵심 도구입니다. 연구관은 수치 모델의 물리 과정, 자료 동화 기법 등을 개선하여 모델의 예측 성능을 높이는 연구를 합니다. 여기에 국지 모델, 앙상블 예측 시스템 등도 개발하고 있죠.

　두 번째로 관측 기술 개발도 담당합니다. 정확한 기상 예보를 위해서는 고품질의 관측 자료가 필수적이죠. 연구관은 새로운 관측 장비와 기술을 개발하고 도입하는 연구를 수행합니다. 첨단 원격 탐사 기술, 고층 관측 기술, 해양 관측 기술 등 다양한 분야에서 연구가 이루어지고 있어요.

세 번째로 기후변화에 대해서도 연구합니다. 지구 온난화로 인한 기후변화는 인류가 직면한 가장 큰 위협 중 하나입니다. 연구관은 한반도와 전 지구 규모의 기후변화 메커니즘을 연구하고, 미래 기후를 예측하는 연구를 수행하죠. 이를 통해 기후변화 적응 및 대응 정책 수립에 기여합니다.

네 번째로는 응용 기상 분야 연구가 있습니다. 기상 정보를 다양한 분야에 활용하는 연구죠. 농업, 에너지, 수자원, 보건, 교통 등 기상과 밀접한 분야에서 의사결정을 지원하여 기상 서비스의 가치를 높입니다.

다섯 번째로 학술 활동 및 국제 협력도 담당합니다. 국내외 학술대회에서 연구 결과를 발표하고, 논문을 게재하는 등 활발한 학술 활동을 합니다. 세계기상기구 등 국제기구와의 협력 연구를 통해 선진 기술을 습득하고, 개발도상국 지원 사업에도 참여하고 있죠.

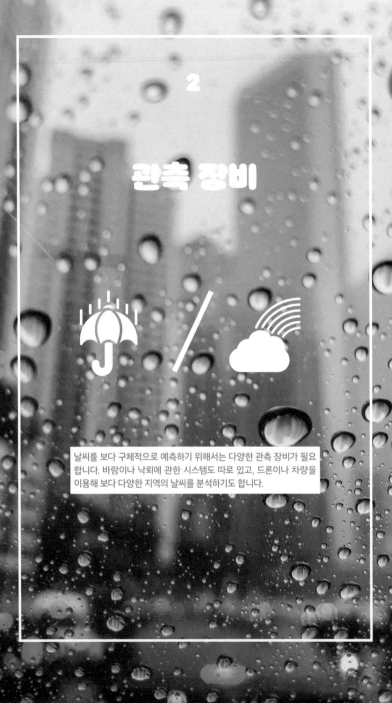

관측 장비

날씨를 보다 구체적으로 예측하기 위해서는 다양한 관측 장비가 필요
합니다. 바람이나 낙뢰에 관한 시스템도 따로 있고, 드론이나 차량을
이용해 보다 다양한 지역의 날씨를 분석하기도 합니다.

바람을 관측하는 윈드 프로파일러

우리나라는 AWS, 라디오존데, 기상 위성, 기상 레이더 등을 주요 기상 관측 장비로 쓰지만, 그 외에도 다양한 기상 장비가 기상 관측에 쓰입니다. 주로 상층 대기를 관측하는 장비들이 많습니다. 대표적인 예로는 상층 대기의 바람을 관측하는 '윈드 프로파일러', 번개를 추적하는 '낙뢰 관측 시스템', 상층 대기의 기상 요소를 관측하는 '윈드 라이다', '마이크로파 라디오미터', '레이윈존데' 등이 있습니다.

상층 대기를 관측하는 대표적인 장비는 '라디오존데'입니다. 하지만 라디오존데로는 하루 두 번 정도만 관측 가능합니다. 기상 위성이나 레이더로는 높이에 따른 바람의 분포를 정확히 파악하기 어렵습니다.

윈드 프로파일러는 이런 기존 장비의 한계를 극복하고, 바람 관측의 시·공간적 해상도를 크게 높여 줍니다. 이를 통해 기상 현상을 입체적으로 이해하고, '수치 모델'의 예측 성능을 높일 수 있죠.

강릉지방기상청이 운영하는 윈드 프로파일러

윈드 프로파일러는 상층 대기의 바람을 관측하는 장비입니다. 지상에서의 관측만으로는 상층 바람의 수직적 분포를 상세히 파악하기 어려웠는데, 윈드 프로파일러가 도입된 이후로는 지표면에서부터 상층까지 다양한 높이의 바람 정보를 알 수 있게 되었죠.

윈드 프로파일러의 외형은 사각형의 스피커가 하늘을 향하고 있는 모습입니다. 가운데와 가장자리 네 곳에 총 5개의 안테나 패널이 있습니다. 가운데 패널에서 위쪽으로 전파를 쏩니다. 4개의 측면 패널에서는 15도 각도로 전파를 쏘죠.

상공에서 바람에 의해 생긴 난류는 이 전파를 산란시키는 성질이 있습니다. 이때 산란되어 돌아오는 전파의 '도플러 효과(음파나 전파가 이동함에 따라 각각의 주파수가 커지거나 작아지는 효과)'를 분석해 바람을 측정합니다. 도입 초기에는 주로 초단파(VHF) 대역의 전파를 사용했는데, 요즘에는 극초단파(UHF) 대역도 함께 쓰고 있습니다.

윈드 프로파일러는 돌풍을 동반하는 집중 호우나 태풍의 내부 바람 구조를 분석할 때 유용합니다. 관측 자료는 수치 모델의 분석과 항공 기상 관측 시스템 구축 등에도 활용되고 있습니다. 현재 강릉, 군산, 울진, 원주 등 전국 10여 개 지점에 설치되어 있습니다.

낙뢰 관측 시스템은 따로 있다

번개가 번쩍일 때면 깜짝 놀라는 경우가 많죠. 특히나 가까운 곳에 번개가 친 뒤, 조금 지나 우르릉쾅쾅 천둥이 울리면 뭔가 큰 일이라도 터진 듯 불안할 경우도 있습니다. 사실 단순한 기상현상에 불과한데 말이죠. 하지만 야외에서 일하는 사람들에게는 낙뢰는 아주 위험할 수도 있죠. 건물이나 야외구조물도 낙뢰에 위험하긴 마찬가지고요.

그런데 기존 기상 장비로는 낙뢰를 관측할 수가 없습니다. AWS나 레이더로는 뇌우 구름을 감시할 수는 있어도, 정확한 낙뢰 발생 위치나 강도, 시간 등은 파악하기 힘들어요. **낙뢰 관측 시스템**은 이런 상세 정보를 실시간으로 제공함으로써, 낙뢰 재해에 신속히 대응하고 피해를 최소화하는 데 큰 도움을 줍니다.

낙뢰 관측 시스템은 크게 지상에서 낙뢰 방전을 관측하는 '낙뢰 위치 확인 시스템(LLS)'과 대기 전기장을 측정하는 '전기장 측정 시스템(EFMS)'으로 구성됩니다.

낙뢰 위치 확인 시스템은 번개가 칠 때 일어나는 전자기파를 감지하여 낙뢰의 발생 위치와 시간, 강도 등을 실시간으로 파악하는 시스템입니다. 번개가 칠 때는 수십에서 수백 킬로암페어(kA)에 이르는 강한 전류가 흐릅니다. 이 전류에 의해 수 킬로헤르츠(kHz)에서 수 메가헤르츠(MHz) 대역의 광대역 전자기파가 방출됩니다.

낙뢰 관측 장비

낙뢰 위치 확인 시스템은 이러한 전자기파를 탐지하기 위해 지상에 여러 개의 센서를 설치합니다. 각 센서는 전자기파의 도착 시간과 강도를 정밀하게 측정하고, 이 정보를 중앙 처리 장치로 전송합니다. 중앙 처리 장치에서는 각 센서에서 수신한 정보를 종합하여 낙뢰의 위치를 계산하게 되죠.

낙뢰 위치 확인 시스템은 낙뢰의 유형(구름 방전, 대지 방전 등)과 극성(정극성, 부극성), 첨두 전류값(교류 전류의 최대값) 등 다양한 정보를 제공합니다. 최신 낙뢰 위치 확인 시스템은 낙뢰 위치 오차가 수백 미터 이내로 매우 정확하며, 낙뢰 감지 효율도 90%

이상으로 높은 편입니다. 이를 통해 실시간 낙뢰 감시, 위험 지역 예측, 피해 상황 파악 등이 가능합니다.

전기장 측정 시스템은 지상에서 대기 중의 전기장 세기를 측정하여 '뇌우 구름'의 전기적 구조와 낙뢰 발생 가능성을 모니터링하는 시스템입니다. 뇌우 구름은 강한 전기장을 만드는데, 이는 구름 내부에서 얼음 입자들이 충돌하는 과정에서 이온이나 전자 등이 생기면서 발생합니다.

전기장 측정 시스템은 회전하는 전극판(field mill)을 사용하여 전기장의 세기와 방향을 측정합니다. 전극판이 회전하면서 대기와 접촉하는 면적이 주기적으로 변하게 되는데, 이때 전극에 유도되는 전류를 측정하여 전기장을 계산하는 원리입니다.

'뇌우 구름'이 발달하면서 전기장이 강해지면, 전기장 측정 시스

템에서 측정되는 전기장 세기값이 증가합니다. 이 값이 일정 수준을 넘어서면 낙뢰 발생 가능성이 높은 것으로 판단할 수 있습니다. 또한 전기장의 급격한 변화는 낙뢰 발생의 전조 현상일 수 있습니다. 따라서 전기장 측정 시스템을 통해 뇌우 구름의 발달 단계와 낙뢰 위험도를 실시간으로 모니터링할 수 있습니다.

전기장 측정 시스템은 단독으로 사용되기도 하지만, 많은 경우 낙뢰 위치 확인 시스템과 함께 운용됩니다. 낙뢰 위치 확인 시스템은 이미 발생한 낙뢰를 감지하는 반면, 전기장 측정 시스템은 낙뢰 발생 이전의 대기 전기장 상태를 모니터링하여 사전에 대응할 수 있도록 하기 때문입니다.

우리나라는 1987년에 처음 낙뢰 현상을 관측하기 시작했습니다. 낙뢰는 구름과 땅 사이에서 일어나는 '대지 방전'과 구름과 구름 사이에서 일어나는 '운간 방전', 그리고 구름 안에서 일어나는 '구름 방전'으로 나누는데, 전체 낙뢰 중 90% 이상은 **구름 방전**입니다. 그러나 당시의 장비로는 구름을 관측하기 힘들었죠.

그러다 2014년, 하나의 센서로 대지 방전과 구름 방전을 모두 관측할 수 있는 새로운 장비를 도입했고, 현재는 이 장비들로 전국 21개소의 센서로 구성된 낙뢰 관측망을 구성하고 있죠. 이 시스템이 관측한 낙뢰 발생 시간, 위치, 강도 등의 자료는 기상청 '날씨누리' 홈페이지에서 실시간으로 확인할 수 있습니다.

	낙뢰 위치 확인 시스템 (LLS)	전기장 측정 시스템 (EFMS)
측정 대상	번개 발생 시 방출되는 전자기파	대기 중 전기장 및 뇌우 구름의 전기적 상태
측정 원리	번개 시 발생하는 광대역 전자기파를 센서로 감지	회전 전극판을 통해 유도 전류를 측정하여 전기장 계산
센서/장비	지상에 다수의 전자기파 센서를 설치, 각 센서의 도착 시간과 강도 측정	지상에 설치된 전극판을 이용하여 전기장 세기와 방향 측정
제공 정보	낙뢰 발생 위치, 시간, 강도, 낙뢰 유형, 극성, 첨두 전류 등	전기장 세기 및 방향, 전기장 급변으로 인한 낙뢰 발생 가능성 예측
운용 목적	실시간 낙뢰 감지 및 발생 후 피해 대응, 위험 지역 예측	뇌우 구름의 발달 단계 모니터링과 낙뢰 발생 전 사전 경보
정확도, 효율	최신 시스템은 위치 오차가 수백 미터 이내, 감지 효율 90% 이상	낙뢰 발생 이전 대기 전기장 변화 감지를 통해 조기 대응 지원

낙뢰 관측 시스템 비교

라디오존데의 한계를 극복한 윈드라이다

'고층 기상 관측 장비'는 지상에서 상층 대기를 원격으로 관측하는 장비들을 말해요. 라디오존데 말고도 윈드라이다, 마이크로파 라디오미터 등이 있죠.

라디오존데로는 상층 기온, 습도, 바람을 측정할 수 있지만, 시간적·공간적 해상도에 한계가 있습니다. 반면 윈드라이다, 마이크로파 라디오미터 등의 고층 기상 관측 장비는 연속적이고 조밀한 수직 관측이 가능해요. 이를 통해 기존에는 포착하기 어려웠던 상세한 기상 구조를 파악할 수 있고, 위험 기상 현상을 보다 정확히 예측할 수 있게 됩니다.

윈드라이다는 자율주행에도 쓰이는 라이다(LIDAR, Light Detection and Ranging) 기술을 이용합니다. 라이다는 레이저 빔을 사방으로 연속적으로 쏘아 물체에 맞고 돌아오는 빛을 수신한 후, 물체까지의 거리를 분석하는 기술입니다.

윈드라이다는 이러한 라이다 기술을 바람 측정에 적용한 것으

윈드 프로파일러 라이다

로, '도플러 효과'를 이용합니다. 도플러 효과는 움직이는 물체가 내놓거나 반사하는 파동의 진동 수가 달라지는 현상을 말합니다. 다가오는 물체에서는 진동수가 높아지고, 멀어지는 물체에서는 진동수가 낮아지죠.

윈드라이다의 레이저 빔이 대기 중의 에어로졸(공기 중에 떠 있는 미세 입자로 연무, 황사, 안개 등의 기상 현상과 관련 깊음)에 의해 산란될 때, 에어로졸의 움직임(바람의 흐름)에 의해 도플러 편이가 발생하게 됩니다. 윈드라이다는 이 도플러 편이를 분석하여 바람의 속도와 방향을 계산합니다.

윈드라이다는 레이저 빔을 여러 각도로 발사하여 '수직 바람 분포'를 측정할 수 있습니다. 최신 윈드라이다는 수 킬로미터 상공까지 바람을 측정할 수 있으며, 수십 미터 간격의 고해상도 관측이 가능합니다. 1초 이내의 빠른 측정 주기로 바람의 순간적인 변화도 포착할 수 있죠.

윈드라이다는 기존의 윈드 프로파일러와 달리 대기 중의 난류

가 아닌 에어로졸을 이용하기 때문에 난류가 약한 대기 상태에서도 정확한 관측이 가능합니다. 또한 클리어 에어(대기가 깨끗한 상태) 관측에 유리하고, 구름이나 강수의 영향을 덜 받는다는 장점이 있습니다.

마이크로파 라디오미터는 대기가 방출하는 마이크로파 복사 에너지를 측정하여 대기의 기온과 습도 수직 분포를 산출하는 장비입니다. 마이크로파는 전자기파 스펙트럼 중 적외선과 전파 사이에 위치하는 대역으로, 파장이 1mm에서 1m 사이의 전자기파입니다. 대기권의 산소와 수증기 등은 서로 다른 파장의 마이크로파를 흡수합니다. 이를 흡수 스펙트럼이 다르다고 합니다.

마이크로파 라디오미터는 이러한 흡수 스펙트럼을 이용하여 대기의 연직 구조를 파악합니다. 보통 22~30GHz 대역(수증기 흡수선), 50~60GHz 대역(산소 흡수선)의 복사를 측정합니다.

서로 다른 주파수에서 복사 에너지를 측정하면, 대기의 각 높이에서 방출되는 복사량이 달라집니다. 수신된 복사량 스펙트럼을 분석하면 대기의 연직 기온, 습도 분포를 계산할 수 있습니다. 이를 **마이크로파 원격 탐사**(microwave remote sensing)라고 합니다. 마이크로파 라디오미터는 고도별로 기온과 습도 정보를 1분 이내의 주기로 제공하므로, 대기 경계층의 급격한 변화도 포착할 수 있죠. 또한, 기온, 습도 외에도 구름 내부 수액량, 강수량 등도 측정할 수 있습니다.

마이크로파 라디오미터는 기존의 라디오존데에 비해 시공간 해상도가 크게 좋아졌고 상시 관측이 가능하다는 점이 큰 장점입니다. 구름이 있는 상황에서도 안정적으로 관측할 수 있고, 밤낮으로 연속 운영이 가능하죠. 다만 빗방울에 의한 산란으로 인해 비가 올 때 관측 정확도가 떨어질 수 있습니다.

윈드라이다와 마이크로파 라디오미터는 기존의 기상 관측 장비와 상호보완적인 관계에 있습니다. 각각 바람, 기온, 습도와 같은 중요한 기상 요소의 수직 분포를 고해상도로 관측함으로써, 대기 경계층의 구조와 변화를 심층적으로 이해하는 데 큰 도움을 줍니다. 기상 현상의 발생 메커니즘 규명, 수치 모델의 정확도 향상 등 다양한 분야에서 활용 가치가 높은 장비입니다.

	관측 방법 및 원리	측정 요소	해상도 및 주기	장점	단점
라디오존데	풍선을 이용, 대기 상층의 기온, 습도, 바람을 직접 측정	상층 기온, 습도, 바람	단발성 발사 관측, 시간적, 공간적 해상도 제한	다양한 기상 요소를 측정 할 수 있음	연속적, 조밀 한 관측 어려 워 세밀한 기 상 구조 파악 에 한계
윈드라이다	라이다 기술	바람의 속도, 방향 및 수직 바람 분포	수십 미터 간 격 고해상도, 수 킬로미터 상공, 1초 이 내 빠른 주기	연속적, 고해 상도 관측, 클 리어 에어 관 측에 유리, 난 류가 약한 상 태에서도 정 확 측정	관측 시 에어 로졸 존재 조 건에 따라 성 능 차이가 있 을 수 있음
마이크로파 라디오미터	대기가 방출 하는 마이크 로파 복사 에 너지 측정, 산소와 수증 기 흡수 스펙 트럼 분석	기온, 습도 수직 분포, 구 름 내부 수액 량, 강수량	1분 이내 주기의 연속 관측, 세밀한 수직 분포 제공	시공간 해상 도 향상, 구름 상황 및 밤낮 연속 관측 가능	비 올 때 빗방울 산란 으로 관측 정확도가 다소 저하될 수 있음

고층 기상 관측 장비 비교

기상 관측의 미래를 책임질 드론 시스템

드론 기상 관측 시스템은 앞으로 기상 관측의 빈 틈을 효율적으로 메울 것으로 예상되는, 그리고 현재 열심히 연구·개발 중인 장비입니다.

드론 기상 관측 시스템은 무인항공기인 드론에 각종 기상 센서를 탑재하여 대기 경계층의 기상 요소를 입체적으로 관측하는 시스템입니다. 기온·습도·바람·기압 등을 측정할 수 있는 소형 센서들을 드론에 장착하고, 드론을 원하는 고도와 경로로 비행시키면서 실시간으로 기상 데이터를 수집할 수 있습니다.

드론 기상 관측 시스템은 기존 관측 방식과 비교했을 때 몇 가지 장점이 있습니다. 먼저 관측 영역의 유연성이 크게 향상됩니다. 지상 관측소나 고층 관측 장비는 설치 위치가 고정되어 있어 관측 지점이 제한적이지만, 드론은 필요한 곳으로 이동해 관측할 수 있기 때문이죠. 이는 좁은 지역에서 발생하는 기상 현상을 조사하거나, 접근이 어려운 지역의 기상을 파악하는 데 매우 유용합니다.

경계선 관측용 드론 시스템

또한 드론을 활용하면 지상에서 약 1km 고도까지의 '대기 경계층'을 연속적으로 관측할 수 있습니다. **대기 경계층**은 지표면의 영향을 직접 받는 지표로부터 약 1km 높이까지의 구간입니다. 지표와의 상호작용이 가장 활발하기 때문에 여러 기상 현상에 가장 중요한 영향을 주는 구간이죠. 기존에는 경계층의 수직 구조를 상세히 관측하기 어려웠는데, 드론을 활용해 고해상도의 수직 관측이 가능해진 거죠. 이는 대기 경계층 구조를 이해하고, 국지 지역 기상 현상을 정확히 예측하는 데 큰 도움이 될 것입니다.

드론 기상 관측은 **기상 재해** 대응에도 활용 가치가 높습니다. 태풍이나 집중호우 같은 위험 기상이 발생했을 때, 피해 지역의 기상 상태를 신속히 파악하는 것이 매우 중요합니다. 그런데 재해 상황에서는 관측 장비가 파손되거나 접근 자체가 어려운 경우가 많죠. 이럴 때 드론을 활용하면 피해 지역의 기상 정보를 비교적 안전하고 빠르게 수집할 수 있습니다.

미국 국립 해양 대기청(NOAA)은 기상 현상 관측에 적극적으로 활용하고 있습니다. NOAA는 기상 센서를 탑재한 드론을 토네이도가 발생할 가능성이 높은 뇌우(천둥과 번개를 동반하는 강한 비구름) 지역에 투입하여 토네이도가 발생하는 원리를 규명하고, 조기에 탐지하는 알고리즘을 개발하는 데 활용하고 있습니다. 영국 기상청도 대기의 난류과정을 관찰하는 목적으로 미국 국립 대기 과학 센터 등과 함께 드론을 운영하고 있습니다.

우리나라에서도 기상청과 연구 기관, 대학 등에서 드론 기상 관측 연구가 이루어지고 있습니다. 특히 기상청은 **경계층 관측용 드론 시스템**을 개발하여 시험 운영하고 있으며, 수직 바람 관측, 대기질 모니터링 등에 활용할 계획입니다. 또한 재난 대응을 위한 드론 기상 관측 기술, 드론 관측 자료의 수치 예보 모델 활용 방안 등도 연구되고 있습니다.

드론 기상 관측은 아직은 기술적 한계로 인해 제한적으로만 운영되고 있습니다. 배터리 성능, 내구성, 강풍 대응 능력 등 기체 성능에서 안정적으로 관측하기에는 어려움이 있습니다. 하지만 최근 드론 기술이 빠르게 발전하고 있어, 머지않아 이런 문제들이 해결되고 드론 기상 관측이 더욱 활성화될 것으로 전망합니다.

도심을 누비는 차량 탑재형 관측 시스템

차량에 기상 센서를 장착해 이동 중에도 기상을 관측하는 차량 탑재형 관측 시스템 연구도 활발하게 진행 중입니다. 주로 도심의 국지적이고, 역동적인 기상 현상을 파악하는 데 유용합니다.

사실 차량 탑재형 기상 관측 시스템은 지금도 있습니다. 대표적으로 기상청에서 운영 중인 **이동식 기상 관측 차량**(Mobile Weather Observation Vehicle)이 있죠. 이 차량에는 기온, 습도, 바람, 기압, 강수량 등을 측정하는 센서들이 장착되어 있어요. AWS를 차량에 설치한 것이라 볼 수 있습니다. 주로 국지적인 기상 현상 감시나 특이 기상 사례 조사 등에 활용되고 있습니다.

특히 태풍이나 돌풍 현상 등 시민들에게 큰 피해를 줄 수 있는 기상 현상을 관측할 때, 기존 관측 시스템이 포괄하기 어려운 지역에 투입되어 '초단기 예보'를 위한 정보를 확보하는 데 큰 도움이 됩니다.

그런데 앞으로 개발하려는 차량 탑재형 기상 관측 시스템은 이

강원지방기상청 차량 관측 시스템

와는 다른, 새로운 개념의 관측 방식입니다. 기존의 이동식 관측 차량은 특정 목적을 위해 제한된 지역을 이동하면서 관측을 수행하는 반면, 새로운 시스템은 다수의 차량에 '소형 기상 센서'를 부착해 상시 관측을 수행한다는 점에서 차이가 있습니다.

예를 들어 버스, 택시, 우편차 등 도심을 정기적으로 운행하는 차량을 기상 관측 플랫폼으로 활용하는 겁니다. 각 차량에 소형 기상 센서를 장착하면 이동하면서 실시간으로 기상 데이터를 수집할 수 있습니다. 수집된 데이터는 무선 통신을 통해 기상 관측 센터로 전송해 분석합니다.

이런 시스템은 기존 관측망에 비해 몇 가지 장점이 있습니다. 우선 도심 전역을 더욱 촘촘하게 관측할 수 있습니다. 고정 관측소로는 국지적인 기상 변화를 세밀하게 포착하기 어려웠는데, 이동하는 다수의 센서를 통해 그런 한계를 극복할 수 있어요. 또한 관측 지점이 유동적이라는 점도 새로운 시스템의 강점이에요. 도로나 건물 등 도시 구조물의 영향으로 국지적으로 발생하는 기상 현상을 관측하는 데 유리하죠.

다만 센서의 정확도 향상, 차량 진동 등 주행 환경의 영향 최소화, 방대한 관측 데이터의 전송·처리·품질 관리 체계 구축 등 아직 현실화를 위한 기술적 과제가 남아 있습니다. 하지만 앞으로 관련 기술이 고도화되고 **커넥티드 카**(통신 기능이 탑재된 자동차)가 더욱 보편화된다면, 기존 관측망의 한계를 극복하는 새로운 도시 기상 관측 인프라로 자리매김할 수 있을 것입니다. 이를 통해 더욱 정확하고 상세한 기상 정보를 생산하고, 기상 예보와 재해 대응 능력을 크게 향상시킬 수 있을 것으로 예상합니다.

일기 예보 용어 해설

● 파고 표현

표현 용어	파고	비고
높은 물결	물결의 높이가 2~3m 미만	풍랑 특보 기준 • 주의보: 유의파고 3m 이상 • 경보: 유의파고 5m 이상
매우 높은 물결	물결의 높이가 특보 수준에 도달될 것으로 예상되거나 그 이상일 경우	

● 강수량 표현

표현 용어	약한 비	(보통) 비	강한 비	매우 강한 비
시간당 강수량	1~3mm 미만	3~15mm 미만	15~30mm 미만	30mm 이상

● 적설량 표현

눈으로는 확인되지만 강수량이나 적설량을 확인하기 힘들 정도로 작은 경우 '빗방울', '눈날림'으로 표현합니다. 일반적으로 강수량이나 적설량이 0.1mm 미만인 경우입니다.

● 시간 범주 표현

시간	00	03	06	09	12	15	18	21	24
2등분	오전(00~12시)				오후(12~24시)				
4등분	새벽 (00~06시)		오전 (06~12시)		오후 (12~18시)		밤 (18~24시)		
8등분	이른 새벽/ 새벽 (00~03시)	늦은 새벽/ 새벽 (03~06시)	아침 (06~09시)	오전 (09~12시)	낮 (12~15시)	늦은 오후/ 오후 늦게 (15~18시)	저녁 (18~21시)	늦은 밤/ 밤늦게/ 밤 (21~24시)	

● 빈도 표현

표현 용어	설명
한때	예보대상 구간 내에서 연속하여 일시적(전체 중 50% 미만)으로 한 번 나타남
가끔	예보대상 구간 내에서 띄엄띄엄 여러 번(전체 중 50% 이하) 나타남

3

수치 모델

사람의 힘에 의존해 시시각각 변하는 날씨를 실시간으로 예보하는 일
은 한계가 발생할 수밖에 없습니다. 그래서 현대의 일기 예보는 수치
모델을 활용하기 시작했습니다.

수치 모델이란 무엇인가?

예전에는 일기도를 그려 날씨를 예측했다면, 지금은 수치 모델을 통해 일기를 예보하고, 기후를 전망합니다. 일기 예보에 대해 제대로 알려면 수치 모델이 무엇인지를 아는 것이 먼저겠죠.

수치 모델을 처음 고안한 사람은 노르웨이의 기상학자 V. 비에르크네스입니다. 그전까지 일기 예보는 일기도와 이전의 경험이 중요한 근거였습니다. 그런데 이런 방식은 예보관의 지식과 경험, 주관적 판단에 의존하는 것이었죠. 좀 더 객관적이고 풍부한 근거로부터 예보를 만들려는 고민이 시작됐습니다.

수치 모델은 간단하게 말해서 일종의 방정식입니다. 이 방정식을 풀면 해당 지역의 날씨를 예상할 수 있는 거죠. 마치 우리가 이차방정식이 주어졌을 때, X에 해당하는 값을 알면 계산을 통해 Y 값을 알 수 있는 거와 같습니다. 그런데 수치 모델에 쓰는 방정식은 우리가 쓰는 방정식에 비해 훨씬 복잡하고 어렵습니다.

일단 방정식의 X에 해당하는 값이 한두 개가 아닙니다. 기압,

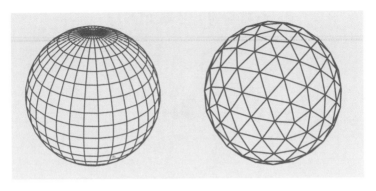

수치 모델은 일종의 방정식이다. X값에 따라 Y값이 달라진다.
모양이나 간격에 따라 결과도 달라지기 때문에 격자의 모양도 그림처럼 모델따라 다르다.

기온, 바람의 방향, 습도 등 여러 가지 대기 상황을 모두 입력해야
합니다. 더구나 한 번 계산할 때 식 하나만 풀면 되는 게 아닙니
다. 일기 예보를 할 지역을 모눈종이처럼 가로와 세로로 일정한
간격으로 선을 긋습니다. 그리고 선이 겹치는 곳마다 방정식 계산
을 하는 거죠.

한반도 일기 예보를 한다고 생각해 보죠. 서울에서 부산까지가
400km 정도됩니다. 대략 가로 400km 세로 600km된다고 칩시다.
가로와 세로로 선을 긋는데, 간격을 10km로 잡으면 가로선이 40
개, 세로선이 60개가 되죠. 겹치는 지점은 2,400곳입니다.

이걸로 끝이 아닙니다. 대기는 지표면에서 상공까지 높이 펼쳐
져 있고 높이에 따라 상태가 모두 다릅니다. 그러니 각 지점마다
높이에 따라 따로 계산을 해야 합니다. 실제로는 더 많지만, 대략

높이에 따라 50개의 방정식을 계산한다고 가정해 봅시다. 결국 우리나라만 계산한다고 하더라도 간격이 10km면 12만 개의 방정식을 계산해야 하는 거죠. 더구나 요즘 운영하는 **앙상블 모델**은 이런 계산을 초기 조건을 달리해서 몇 번씩 합니다. 도저히 사람 손으로 할 수 있는 일이 아닙니다.

물론 비에르크네스가 처음 수치 모델 개념을 떠올렸을 당시는 이렇게 촘촘하게 계산하려던 것은 아니었습니다. 하지만 간격을 넓게 잡아도 계산량이 어마어마하여 엄두도 내기 어려울 정도입니다. 그래도 이걸 사람 손으로 해보려고 하던 시도가 없었던 것은 아닙니다. 영국의 기상학자 L. F. 리처드슨은 손으로 수치계산을 해서 일기 예보를 하려고 시도했습니다. 군인들을 동원했죠. 하지만 실제로 해보니 결코 쉬운 작업이 아니어서 포기했습니다. 그러다 컴퓨터가 발명되면서 수치 모델 계산을 컴퓨터에 맡기려는 시도가 시작됐습니다. 2차 세계 대전이 끝난 뒤인 1950년, 미국에서 현대적 컴퓨터 개념을 창안한 폰 노이만 등이 처음으로 컴퓨터를 이용한 수치 예보에 성공했습니다. 1954년에 스웨덴 기상청이 수치 예보를 기상업무에 도입했죠. 1950년대 후반이 되자 여러 선진국 기상청들이 수치 예보를 시작했습니다.

우리나라 수치 모델 변천사

우리나라는 1980년대까지 일기도를 작성해서 예보를 했습니다. 과학 기술이 전반적으로 발달하지 않았기 때문입니다. 수치 모델 도입 준비가 시작된 것은 1980년대가 되어서였습니다. 그리고 1991년에 '아시아 지역 모델'과 '극동 아시아 지역 모델', 두 가지 수치 모델을 운영하기 시작했습니다. 이를 위해 1988년, 수치계산용 서버컴퓨터를 미리 도입했고 한국과학기술원의 슈퍼컴퓨터도 활용했죠. 그리고 1997년에 드디어 **전 지구 모델** 운영을 시작함으로써 독자적인 수치 예보 시대가 개막되었습니다. 1999년에는 독자적인 슈퍼컴퓨터가 도입되면서 '고해상도 수치 모델'을 예보 업무에 활용하기 시작했습니다.

하지만 이 시기 수치 모델은 우리가 개발한 것이 아니라, **일본 기상청 수치 모델**(GDAPS)을 사용했습니다. 이렇게 다른 나라의 모델을 들여올 때는 수치 모델을 우리나라에 맞게 최적화해야 합니다. 하지만 당시 일본 모델은 그런 수정 작업을 하기 힘들었습니

다. 더구나 수치 모델은 한 번 개발한다고 끝이 아니라 계속 수정 작업을 해야 하죠. 그래서 시간이 지날수록 성능이 떨어지는 문제가 있었습니다.

문제는 또 하나 있었습니다. 앞에서 수치 모델이란 것이 가로세로로 그은 선이 만나는 곳마다 방정식을 푸는 것이라 했습니다. 이 선이 촘촘하면 촘촘할수록 예보는 더 정확해지죠. 우리나라 기상청이 처음 수치 모델을 운영하기 시작한 1991년에는, 이 간격이 상당히 넓었습니다. '아시아 지역 모델'은 160km마다 점이 찍혔고, 높이로도 10개의 지점만 계산을 했죠. '극동 아시아 지역 모델'은 80km마다 점을 찍었습니다. 이 간격을 **해상도**라고 합니다. 극동 아시아 지역 모델이 그나마 촘촘할 수 있었던 것은 아시아 지역 모델보다 계산하는 지역이 좁았던 것도 영향을 끼쳤고, 한국과학기술연구원의 슈퍼컴퓨터를 동원해서 컴퓨팅 능력이 더 우수했기 때문입니다.

슈퍼컴퓨터가 도입된 1999년에는 55km 간격으로 좁아졌습니다. 그리고 지속적으로 새로운 슈퍼컴퓨터를 도입하면서 간격은 훨씬 촘촘해졌죠. 현재 '전 지구 모델'은 10km 간격이고 '전 지구 앙상블 모델'은 32km 간격입니다. 높이도 10개 층에서 70개 층으로 증가했습니다.

하지만 일본 모델이 가지는 한계는 여전했습니다. 그래서 기상청은 수치 모델 변경을 결단합니다. **영국 기상청 수치 모델**(UM)을 2010년에 들여왔죠. 이번에는 영국 기상청과 이후 모델 개발을 공동으로 하기로 협정을 맺었습니다. 이후 우리나라를 포함한 동아시아 지역의 지형 조건과 지표 이용도, 해수면 온도 등을 최적화하는 작업을 지속적으로 진행하면서 수치 모델을 발전시켰습니다.

영국 모델을 쓰면서 이전보다 더 나아졌다지만, 우리나라 고유 모델을 만들어야 할 필요성이 사라지진 않았습니다. 한반도의 기후 및 지리적·지형적 특성에 최적화된 기상 예보를 위해서라면 필연적인 과정이기 때문입니다. 해외 모델은 시간이 지날수록 자체 모델보다 예보 정확도가 떨어질 가능성이 높고, 원천 기술을 가지지 않으면 도입된 모델의 성능을 뛰어넘을 수 없는 것이니까요.

기상청은 영국 모델 도입과 함께 본격적으로 한국형 수치 예보

일본 기상청
수치 모델 사용
1997년

영국 기상청
수치 모델 사용
2010년

2011년
한국형
수치 모델
개발 시작

2020년
한국형
수치 모델
운영 시작

2022년
한국형
지역 수치 모델
운영 시작

기상청 수치 모델 운영 변천사

모델 개발에 나섰습니다. 2011년부터 한국형 수치 모델 개발에 들어가 2020년, 드디어 실제 업무에 적용할 수 있는 한국형 수치 모델 운영을 시작했습니다.

그 결과 지금은 우리나라 수치 모델과 영국 수치 모델을 같이 쓰고 있습니다. 자국의 독자적인 수치 모델과 기상 위성을 모두 보유하고 있는 나라는 우리나라를 제외하고 미국, 유럽연합, 일본, 중국, 인도, 러시아 정도밖에 없습니다.

수치 모델은 하나가 아니다

현재 우리나라 기상청이 운영하는 수치 모델은 '전 지구 단위' 4개, '국지 단위' 4개, '파랑' 4개, '폭풍 해일' 2개, '황사·연무'와 '통계 모델'이 각각 1개로 총 16가지나 됩니다. 왜 이렇게나 많은 모델이 필요한 걸까요?

우선 수치 모델의 기본은 **전 지구 모델**입니다. 이 모델은 지구 전체를 10km 해상도로 계산합니다. 우리나라는 하루에 두 번 계산을 하죠. 이를 통해 일주일에서 수개월까지의 장기 예측을 합니다. 그 결과값은 계절 예측이나 기후변화 시나리오 분석 등에도 활용하고, 장기적인 기상 패턴과 경향성을 파악하는 데도 도움을 주죠. 또한 전 지구 모델은 '지역 모델'과 '국지 모델'에 들어갈 초기값 및 경계 조건으로 활용되기도 합니다.

국지 모델은 우리나라를 중심으로 한 수치 모델인데 중국과 일본 등 동아시아 전반을 살펴보는 '국지 예보 모델'과 한반도 주변의 초단기 예측을 위한 '초단기 예보 모델'이 있습니다.

동아시아 전반을 살피는 국지 예보 모델은 하루 4번 운영하고, 2일간의 날씨를 예측합니다. 그리고 초단기 예보 모델은 두 가지가 있는데, 하루에 24번 계산하는 초단기 예보 모델(UM)과 10분마다 계산하는 초단기 예보 모델(KLAPS)이 있습니다. 이들은 12시간 동안의 날씨를 예측하지요. 이들 국지 모델은 전 지구 모델보다 지역이 좁고 또 상세한 예보를 위해 해상도가 상당히 높습니다. 우리나라는 1.5km 단위로 예측을 진행합니다.

여기에 파랑 모델도 따로 필요합니다. **파랑 모델**은 파도의 생성과 발달, 전파를 예측하는 모델이죠. 우리나라처럼 삼면이 바다인 경우, 상당히 중요한 예측 모델이라서 전 지구 파랑 모델과 지역 파랑 모델 두 가지를 운영합니다. 또한 해상도가 1km인 국지 연안 파랑 모델도 따로 운영해 우리나라 해안을 집중적으로 살펴봅니

다. 그리고 황사나 안개 등을 살펴보는 **황사·연무 통합 예측 모델**
과 **통계 모델**도 따로 있습니다.

　여기에 추가되는 것이 앙상블 모델입니다. 전 지구 모델, 국지
모델, 파랑 모델 모두 앙상블 모델이 따로 있습니다. 수치 모델의
계산에선 초기값이 매우 중요합니다. 초기값이 정확하면 정확할
수록 예측이 더 정확해지죠. 하지만 초기값을 완벽하게 입력하는
것은 불가능합니다. 이것이 전 지구 모델의 한계입니다. 지구 표면
의 70%를 차지하는 바다에 10km 정도마다 관측 장비를 세우는
것 자체가 무리죠. 즉, 70%의 초기값이 공백이 됩니다. 이를 '기상
위성'을 통해서 보완하지만, 기상 위성이 할 수 있는 일에는 한계
가 있습니다.

　또한 육지도 아프리카, 오스트레일리아, 중국, 인도, 남미, 러시
아의 시베리아 지역 등에는 촘촘하게 관측 장비가 배치되어 있지

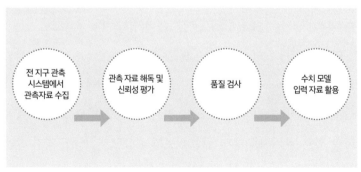

수치 모델 처리 과정

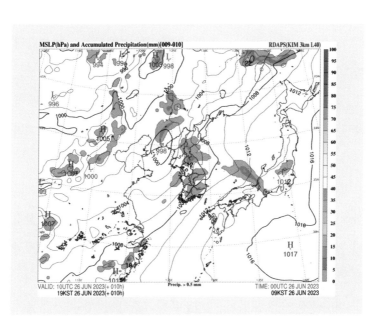

수치 모델 산출 결과는 다양한 변수가 숫자 형태로 저장되어 있어 바로 이해하기 어렵다.
그래서 숫자 형태의 자료를 보기 쉽고 이해하기 쉽게 그림이나 표 등의 시각적 형태로 표현한다.

않습니다. 이 또한 기상 위성을 통해 일정하게 보완을 하지만, 마찬가지로 완벽할 수는 없습니다. 이런 경우 주변의 기상 상태를 감안해 대략적인 값을 입력하는데, 당연히 오류가 있을 수밖에 없습니다.

이를 보완하는 것이 앙상블 모델입니다. **앙상블 모델**이란 기존 수치 모델에 입력하는 초기값을 일부러 조금 다르게 입력하는 거죠. 이렇게 초기값을 조금씩 다르게 입력한 여러 개의 수치 모델을 돌려 결과값들을 비교하여 예측의 정확도를 높입니다. 가령 우리나라의 '전 지구 앙상블 예측시스템'에는 25개의 멤버가 있습니다. 즉, 초기값이 조금씩 다른 수치 모델을 25개 만들어 각자 계산을 하고 이를 통합하는 거죠. 국지 앙상블 모델은 13개를 만들어 계산을 합니다. 파랑 모델도 아시아 지역 태평양을 살펴보는 지역 파랑 앙상블 모델은 24개를 만듭니다.

이렇게 여러 개의 수치 모델을 매일같이 하루에도 몇 번씩 운영하려면 슈퍼컴퓨터의 성능이 매우 뛰어나야 하죠. 그래서 기상청의 슈퍼컴퓨터는 약 5년마다 더 성능이 높은 것으로 계속 교체하고 있습니다.

1999년에 처음 도입된 슈퍼컴퓨터 1호기는 200기가플롭스(GFLOPS)급이었는데, 2021년 도입된 슈퍼컴퓨터 5호기는 16.7페타플롭스(PFLOPS)급입니다. 여기서 플롭스(FLOPS)는 1초에 얼마나 많이 계산을 할 수 있는가를 뜻하는데, 1페타플롭스는 1기가플롭스 대비 대략 100만 배 많은 연산을 한다는 뜻입니다. 따라서 5호기의 성능은 1호기에 비해 8만 배 정도 많은 연산을 할 수 있다는 뜻이죠. 슈퍼컴퓨터의 이러한 성능 차이가 앞서 살펴본 여러 가지 수치 모델을 운영하는 것을 가능하게 만듭니다.

전 지구 모델	• 지구 전체를 영역으로 하는 모델 • 고기압, 저기압의 생성 및 이동과 같은 큰 규모의 대기 운동을 예측할 목적으로 주로 사용
제한 지역 모델 (지역 모델 또는 국지 모델)	• 특정한 지역을 영역으로 하는 모델 • 보통 전 지구 모델보다 고해상도 모델이며, 좁은 지역을 상세히 예측할 목적으로 사용됨 • 작은 규모의 국지적인 기상현상을 모의하는 데 유리함 • 모델 측면 경계장을 전 지구 모델로부터 받아야 함
초단기 모델	• 12시간 이내 한반도 영역에서 일어난 현상을 아주 상세히 예측하기 위한 모델 • 빠른 개선을 통해 급속히 발달하는 기상 현상을 자세히 모의하는 데 유리함 • 상위 모델로부터 측면 경계장을 받아야 함
기후 모델	• 수십 년 이상의 장기간에 대한 기후변화를 예측하기 위한 모델 • 장기간 예측을 해야 하는 만큼 저해상도 모델이 됨
앙상블 모델	• 같은 모델을 초기 조건을 달리하여 여러 개 돌리거나 다른 모델을 하나의 세트로 묶어 돌림으로써 미래 상태에 대한 확률적인 정보를 제공하는 모델 체계를 말함 • 일반적으로 앙상블 모델의 성능이 앙상블 모델을 구성하는 개개 단일 모델의 성능보다 우수한 것으로 알려져 있음
통계 모델	• 모델에서 나온 결과들을 통계적 기법을 이용해 한 번 더 보정할 목적으로 수행되는 모델 • 많은 과거 데이터를 모아 장기간에 걸쳐 패턴(관계식)을 분석하고 이를 현재 예측에 적용(MOS, 기계학습 등)
응용 모델	• 특수한 목적으로 사용되는 모델 • 황사 모델, 해양 모델, 지면 모델, 태풍 모델 등

수치 모델 유형 비교

엔지니어

엔지니어는 기상청의 다양한 장비와 시스템을 관리하고 운영합니다. 관측 장비의 유지·보수, 데이터 품질 관리, 슈퍼컴퓨터 운영 등을 담당하죠. 일기 예보와 기상 연구를 뒷받침하는 숨은 일꾼입니다.

먼저 다양한 관측 장비를 운영하고 유지·보수합니다. 전국에 설치된 수백 개의 AWS, 기상 레이더, 윈드 프로파일러 등 다양한 관측 장비를 관리합니다. 장비의 정상 작동을 위해 정기적인 점검과 유지보수를 수행하며, 고장 발생 시 신속히 대응하여 관측 공백을 최소화해요.

두 번째, 슈퍼컴퓨터를 운영하고 관리합니다. 기상청은 방대한 양의 데이터를 처리하고 수치 모델을 운영하기 위해 슈퍼컴퓨터를 사용하죠. 엔지니어는 슈퍼컴퓨터 시스템을 안정적으로 운영하고, 성능을 최적화하는 역할을 담당해요. 또한 장애 발생 시 신속하게 대응하여 시스템의 연속성을 유지합니다.

세 번째, 기상 정보 통신 시스템을 관리합니다. 기상청에서 생산된 대용량의 기상 정보를 신속하고 안정적으로 전달하는 것도 엔지니어가 담당합니다. 위성 통신, 초고속 네트워크 등 첨단 정보통신 인프라를 구축하고 관리하죠.

네 번째, 기상 장비를 국산화하고 새로운 기술을 개발하는 데도 이바지하고 있습니다. 국내 기술로 관측 장비를 개발하고, 기존 장비의 성능을 개선하는 연구개발 사업에 참여하죠. 이를 통해 대한민국의 기상 기술 자립도를 높이는 데 기여합니다.

이 밖에도 기상청에는 국제협력, 기상 산업 진흥, 기상 정보 서비스 등 다양한 분야에서 일하는 전문가들이 있습니다.

기후변화는 기상학에도 큰 영향을 미치고 있습니다.
장기 예보 결과는 산업과 정책 결정에 중요한 자료로 쓰이고 있으며,
기상학 전공자들의 진로도 매우 다양해졌습니다.

3장 기후변화와 기상학의 미래

기후변화 대응을 위한 기상학의 역할

단순히 날씨를 예측하는 것을 넘어 기후변화의 영향을 연구하고, 미래를 전망하는 것도 기상학자들의 역할입니다.

기후변화에 기상학은 무엇을 해야 할까?

최근 날씨가 많이 달라졌다는 걸 느끼나요? 한여름에 기록적인 폭우가 내리고, 겨울에는 이상 고온 현상이 나타나는 등 예전에 보기 힘들었던 날씨가 발생하고 있습니다. 이런 현상은 **기후변화**에 따른 것이라 여겨집니다.

기후변화로 인한 '이상 기후' 현상은 우리의 일상생활뿐만 아니라 농업, 수산업, 관광업 등 다양한 산업 분야에도 큰 영향을 미치고 있습니다. 게다가 태풍, 집중호우, 폭염 같은 극단적인 기상 현상이 더 자주, 더 강하게 발생하면서 많은 피해가 발생하고 있죠. 이런 상황에서 기상학의 역할이 그 어느 때보다 중요해지고 있습니다.

2020년 여름에 기상청은 **장기 기후 예측**을 통해 긴 장마와 집중호우를 미리 예상했습니다. 실제로 2020년 장마는 6월 24일부터 8월 16일까지 역대 최장기간인 54일동안 지속되었습니다. 하지만 기상청의 장기 예보 덕분에 정부와 지자체들이 재난 대비 계획을

수립하고, 하천과 댐의 수위 조절에 나서 피해를 크게 줄일 수 있었죠.

2022년에는 제11호 태풍 '힌남노'가 접근할 때 기상청의 정확한 진로 예측 덕분에 선박들이 미리 피항하고, 해안가 주민들이 대피할 수 있었습니다. 재산 피해가 1조 7,300억 원에 달할 정도로 컸지만, 정확한 진로 예측과 경보로 인명 피해는 이전의 태풍에 비해 크게 줄었습니다.

단순히 날씨를 예측하는 것을 넘어 기후변화의 영향을 연구하고, 미래를 전망하는 것도 기상학자들의 역할입니다.

2100년까지의 기온 변화를 분석한 결과, 온실가스 배출이 현재 추세로 계속된다면 한반도의 평균 기온이 4도 이상 상승할 것으로 예상됩니다. 강수 패턴도 크게 바뀔 전망입니다. 장마철 집중

호우는 더 강해지고, 가뭄은 더 심해질 것으로 기상학자들은 예측합니다. 시간당 100mm가 넘는 매우 강한 비가 내리는 날이 2배 이상 증가할 것으로 전망합니다.

이런 연구 결과를 바탕으로 다양한 대책이 마련되고 있습니다. 서울시는 이런 기후 전망을 바탕으로 도시 내 '물 순환 시설'을 확충하고 있습니다. 폭우가 내려도 도로가 침수되지 않도록 빗물받이를 늘리고, 지하 저류조를 만들어 갑자기 쏟아지는 비를 저장했다가 천천히 내보내는 거죠.

농업 분야에서도 기후변화 전망 자료를 적극 활용하고 있습니다. 기온이 올라가면서 사과 재배지가 북상하고 있는 상황입니다. 이에 농촌진흥청은 미래 기후 예측 자료를 바탕으로 30년 후에는 강원도 산간에서도 아열대 과일을 재배할 수 있을 것으로 전망하고 대비하고 있답니다.

해안 지역에서는 해수면 상승에 대비한 준비도 하고 있어요. 기상청의 예측에 따르면, 2100년까지 우리나라 주변 해수면이 최대 1미터 가까이 상승할 것으로 보입니다. 이에 따라 부산, 인천 등 해안 도시들은 방파제를 높이고, 해안 도로의 높이를 올리는 등 대비를 하고 있죠.

2

기후변화에 관한
국제 사회의 대응

기상청은 IPCC 보고서 작성 과정에서 한국의 연구 결과와 의견을 제시하고, 보고서 검토에도 적극 참여하여 보고서의 완성도를 높이는 데 기여하고 있습니다.

IPCC에서 기상청은 어떤 일을 할까?

기후변화에 관한 정부간 협의체(IPCC)는 기후변화에 대한 과학적 이해를 증진시키고, 이를 토대로 정책 결정을 지원하기 위해 세계기상기구와 유엔환경계획(UNEP)이 공동으로 설립한 국제기구입니다.

대한민국은 IPCC의 주요 회원국입니다. 특히 우리나라 기상청은 IPCC 활동에 있어 중추적인 역할을 수행하고 있는데, 그중에서도 전 세계 기후변화 시나리오 작성에 큰 기여를 하고 있습니다.

기상청은 '한반도 기후변화 시나리오'뿐만 아니라 '전 지구적인 기후변화 시나리오' 개발에도 힘쓰고 있습니다. 이는 IPCC 평가보고서에 포함되는 핵심 내용 중 하나로, 각국의 기상청이 제시한 시나리오를 바탕으로 IPCC 차원의 종합적인 기후변화 시나리오가 마련됩니다. 우리나라 기상청은 '고해상도 기후 모델'을 활용하여 미래 기후변화를 예측하고, 이를 IPCC에 제공함으로써 국제사회의 기후변화 대응 정책 수립에 기여하고 있습니다.

전 세계 기후변화 시나리오 작성은 각국 기상청 간의 긴밀한 협력을 통해 이루어집니다. 우리나라 기상청을 비롯하여 미국, 영국, 독일, 일본, 중국 등 주요국 기상청이 각자 개발한 **기후변화 시나리오**를 공유하고, 이를 종합적으로 분석하여 IPCC 차원의 시나리오를 도출하게 됩니다. 이 과정에서 각국 기상청의 전문성과 연구 역량이 결집되며, 불확실성을 최소화하고 신뢰도 높은 시나리오를 만들기 위한 노력이 이루어지고 있습니다.

우리나라 기상청은 IPCC 총회와 실무그룹 회의에 대표단을 파견하여 주요 의제에 대한 논의에도 활발히 참여하고 있습니다. 또한 IPCC 보고서 작성 과정에서 한국의 연구 결과와 의견을 제시하고, 보고서 검토에도 적극 참여하여 보고서의 완성도를 높이는 데 기여하고 있습니다. 한국의 기후변화 연구 결과를 IPCC 보고서에 반영하기 위해 관련 자료와 데이터를 제공하고, 기상청 소속 연구원과 국내 전문가들이 IPCC 보고서 집필진으로 직접 참여하여 보고서 작성에 힘을 보태고 있습니다.

기상청은 국내 기후변화 감시 및 예측을 위한 다양한 연구 사업도 활발히 수행하고 있습니다. 한반도 기후변화 시나리오 개발, 기후변화 영향 평가, 이상 기후 감시 등의 연구 결과는 IPCC 활동에 소중한 자료로 활용되고 있습니다. 이를 통해 우리나라의 기후변화 연구 역량을 국제사회에 알리고, 전 지구적인 기후변화 대응

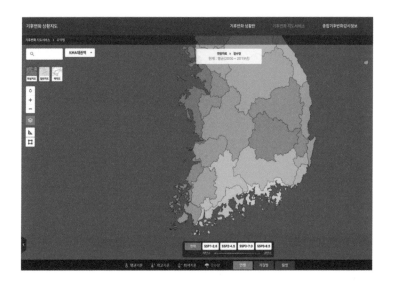

기상청이 운영하는 기후정보포털(http://climate.go.kr)은
기후변화 상황 지도 등 기후변화에 관한 다양한 정보를 제공한다.

에 기여하고 있습니다.

기상청은 IPCC 보고서의 주요 내용을 국내에 알리고, 대국민 홍보 및 교육 활동에도 앞장서고 있습니다. **기후정보포털**을 운영하고, '기후변화 교육 프로그램'을 개발하는 등 국민들의 기후변화 인식 제고를 위해 다각도로 노력하고 있습니다. 나아가 기상청은 IPCC 활동의 일환으로 개발도상국의 기후변화 대응 역량 강화를 지원하는 데에도 힘을 보태고 있습니다. 개도국 기상청과의 기술 협력, 전문가 교육 등을 통해 개도국이 기후변화에 효과적으로 대응할 수 있도록 돕고 있습니다.

기후변화 시나리오를 주목하라!

기후변화 시나리오란 온실가스 배출 시나리오를 토대로 미래 기후의 변화를 전망하는 것으로, 시나리오 작성을 위해서는 여러 단계의 과정을 거치게 됩니다.

먼저 IPCC에서 제시한 '대표 농도 경로(RCP, Representative Concentration Pathway)' 시나리오 중에서 우리나라 정부의 정책 목표와 부합하는 시나리오를 선정합니다. 현재 기상청에서는 RCP2.6, RCP4.5, RCP6.0, RCP8.5의 네 가지 시나리오를 활용하여 미래 기후변화를 전망하고 있습니다.

RCP2.6은 **저농도 시나리오**입니다. 인간 활동에 의한 온실가스 발생량을 지구 스스로가 조절할 수 있는 범위로 제한하는 시나리오로, 2100년까지 이산화탄소 농도를 약 450ppm 수준으로 유지하는 것을 전제로 합니다. 이럴 경우 지구 평균 기온 상승을 산업화 이전 대비 2℃ 이하로 제한하는 것이 가능합니다. 물론 매우 적극적인 온실가스 감축 정책이 실행되어야 달성 가능한 시나리오

입니다.

　RCP4.5은 **중간 농도 시나리오**입니다. 온실가스 저감 정책이 상당히 실현되는 것을 전제로 한 시나리오로, 2100년까지 이산화탄소 농도가 약 650ppm 수준으로 증가하는 것을 목표로 합니다. 이 경우, 지구 평균 기온이 산업화 이전보다 약 2.4℃ 상승하는 것으로 전망되고 있으며, 현실적으로 달성 가능한 감축 목표를 반영한 시나리오로 평가됩니다.

　RCP6.0도 **중간 농도 시나리오**에 속합니다. 온실가스 저감 정책이 어느 정도 실현되는 시나리오죠. 2100년까지 이산화탄소 농도가 약 850ppm 수준으로 증가하는 것을 전제로 합니다. 이 경우 지구 평균 기온은 산업화 이전 대비 약 3℃ 상승할 것으로 예상되며, RCP4.5와 RCP8.5의 중간 정도의 시나리오로 볼 수 있습니다.

RCP8.5는 **고농도 시나리오**로 온실가스가 지금의 추세대로 줄어
들지 않고 배출되는 시나리오입니다. 이 경우 2100년까지 이산화
탄소 농도가 약 1,370ppm까지 증가하고, 지구 평균 기온은 산업
화 이전에 비해 약 4.8℃ 상승할 것으로 예측됩니다. 화석연료 사
용이 지속되고 온실가스 감축이 이루어지지 않는 최악의 시나리
오입니다.

이 네 가지 시나리오를 토대로 IPCC 평가보고서에 사용된 여러
'전 지구 기후 모델' 중에서 한반도 기후에 적합하고, 성능이 우수

	유형	2100년 이산화탄소 농도 (ppm)	지구 평균 기온 (℃)	특징
RCP2.6	저농도	450	2.0	지구 평균 기온 상승을 산업화 이전 대비 2℃ 이하로 제한
RCP4.5	중간 농도	650	2.4	현실적으로 달성 가능한 감축 목표를 반영한 시나리오로 평가
RCP6.0	중간 농도	850	3.0	RCP4.5와 RCP8.5의 중간 수준
RCP8.5	고농도	1,370	4.8	온실가스 감축이 이루어지지 않는 최악의 시나리오

IPCC 기후변화 시나리오 비교

한 수치 모델을 골라야 합니다. 우리나라 기상청에서는 영국 기상청 해들리센터의 HadGEM2-AO 모델을 기본 모델로 채택했습니다. 1860년부터 2005년까지의 과거 기후를 모의 실험을 통해 최적화하고, 이를 응용해 2100년까지 전 지구적 미래 기후변화를 해상도 135km로 전망하는 시나리오를 구성했습니다.

이렇게 선정된 '전 지구 기후 모델'의 결과를 '지역 기후 모델'에 입력하여 상세하게 분석하는 과정을 거칩니다. **지역 기후 모델**은 아시아 지역 기후변화 시나리오와 한반도 지역 기후변화 시나리오를 개발했습니다.

1950년에서 2005년까지의 과거 기후를 모의하는 실험을 실행했고, 이렇게 도출된 지역 기후 모델 결과를 바탕으로 미래 기온, 강수량 등 주요 기후 요소의 변화를 현재부터 2100년까지 10년 단위의 시나리오로 제시했습니다.

공간 해상도는 아시아 영역에 대해서는 50km, 한반도에 대해서는 12.5km로 상세한 시나리오를 보여 주고 있습니다. 마지막으로 여러 기후 모델 결과를 앙상블하여 시나리오의 불확실성을 정량적으로 평가하는 과정을 거치게 됩니다.

이렇게 작성된 기후변화 시나리오는 국가 기후변화 적응 대책을 세우고, 기후변화로 인한 영향과 취약성을 평가하는 데 다양하게 활용되고 있습니다. 기상청에서는 더욱 신뢰도 높은 시나리오를 제공하기 위해 기후 모델의 성능을 개선하고, 상세화 기법을 고도화하는 등 연구·개발을 이어가고 있습니다.

기상청이 2021년 발표한 최신 기후변화 시나리오의 주요 내용을 좀 더 자세히 살펴볼게요.

21세기 말 우리나라의 연평균 기온 상승폭을 보면, RCP2.6 시나리오에서는 현재보다 1.7℃, RCP4.5에서는 2.7℃, RCP6.0에서는 3.3℃, RCP8.5에서는 4.7℃ 오를 것으로 전망되었어요.

연강수량 변화도 마찬가지로 온실가스 배출 수준에 따라 뚜렷한 차이를 보였습니다. 21세기 말 우리나라 연강수량은 현재 대비 RCP2.6 시나리오에서 6.4%, RCP4.5에서 12.8%, RCP6.0에서

	연평균 기온 상승 (℃)	연강수량 증가율 (%)	비고
RCP2.6	1.7	6.4	상대적으로 낮은 온실가스 배출, 극한 기후 (폭염, 열대야) 등 증가, 해양 환경 변화 우려
RCP4.5	2.7	12.8	현실적으로 억제 가능한 온실가스 배출 증가에 따른 기온 및 강수량 상승
RCP6.0	3.3	14.2	지속적인 온실가스 배출 증가에 따른 기온 및 강수량 증가
RCP8.5	4.7	18.7	가장 높은 온실가스 배출 시나리오, 기온 및 강수량 크게 증가, 극한 현상, 해양 변화 심화

우리나라 기후변화 시나리오 비교

14.2%, RCP8.5에서 18.7% 증가할 것으로 전망되었습니다. 온실가스를 많이 배출할수록 강수량 증가율도 높아질 것으로 보이네요.

또한 기후변화로 인해 폭염, 열대야 등 극한 기후 현상의 발생 빈도와 강도가 점차 증가할 것으로 예측되었어요. 평균적인 기온 상승뿐만 아니라 극한 현상의 심화로 인한 피해도 우려되는 상황입니다.

아울러 해수면 상승, 해양 산성화 등 해양 환경의 변화도 계속될 것으로 전망되었습니다. 이는 연안 지역 침수, 해양 생태계 교란 등 다양한 분야에 영향을 미칠 수 있어 대비가 필요해 보여요. 이처럼 기상청의 최신 기후변화 시나리오는 우리나라가 온실가스 배출 수준에 따라 직면할 수 있는 미래 기후변화의 위험을 잘 보여 주고 있습니다.

3

기상학과
새로운 직업

앞으로는 기후변화에 대한 대응을 위해 다양한 분야에서도 기상학 전공자가 필요할 것으로 예상됩니다.

기후변화와 새로운 직업의 탄생

기상학과 관련한 직업이라면 먼저 기상청의 직원이 떠오르죠. 기상캐스터도 있고요. 하지만 앞으로는 기후변화에 대한 대응을 위해 다양한 분야에서도 기상학 전공자가 필요할 것으로 예상됩니다. 대표적인 직업군으로 '기후변화 영향 평가 전문가'와 '기후 리스크 컨설턴트'를 소개합니다.

기후변화 영향 평가 전문가는 기후변화가 환경과 사회에 미치는 영향을 과학적으로 분석하고 평가하는 전문가입니다. 특히 우리나라처럼 계절 변화가 뚜렷한 나라에서는 그 역할이 매우 중요해지고 있어요.

이들의 주요 업무는 크게 세 가지입니다. 첫째, 기후변화로 인한 직접적인 영향을 분석합니다. 예를 들어 폭염이 도시 전체에 미치는 영향을 연구하죠. 도시의 어느 지역이 폭염에 취약한지, 취약 계층은 누구인지, 폭염으로 인한 피해는 얼마나 될지 등을 분석합니다.

둘째, 장기적인 기후변화의 영향을 예측합니다. 가령 농업 분야에서는 기온 상승으로 인해 사과 재배지가 북쪽으로 이동하는 현상을 연구하고, 30년 후에는 어떤 지역에서 어떤 작물을 재배할 수 있을지 분석합니다. 또한 해안 지역에서는 해수면 상승으로 인한 침수 위험을 평가하고, 항만이나 해안 도시의 설계에 이를 반영하도록 제안하죠.

셋째, 기후변화에 대한 적응 전략을 수립합니다. 예를 들어 도시 계획가들과 협력하여 폭염에 대비한 바람길을 설계하거나, 집중호우에 대비한 우수 저장 시설을 제안합니다. 또한 생태계 보호를 위해 멸종 위기에 처한 동식물의 서식지 보전 계획도 세우죠.

이런 일을 하기 위해서는 기상학과 기후학의 기초 지식은 물론, 환경공학, 생태학, 도시 계획 등 다양한 분야의 지식이 필요합니

다. 기후 데이터를 분석할 수 있는 통계 능력과 컴퓨터 활용 능력
도 중요하죠.

기후변화 영향 평가 전문가가 되려면 대학에서 대기 과학, 환경
공학, 도시 계획 등을 전공하고, 대학원에서 기후변화 관련 연구
를 하는 것이 일반적입니다. 정부 기관이나 연구소, 환경 컨설팅
회사 등에서 일할 수 있으며, 최근에는 대기업에서도 기후변화 대
응팀을 꾸려 전문가를 채용하고 있어요.

기후 리스크 컨설턴트는 기후변화로 인한 기업과 기관의 위험
요소를 분석하고, 대응 전략을 제시하는 전문가입니다. 최근 많은
기업들이 기후변화를 심각한 경영 리스크로 인식하면서, 이들의
역할이 더욱 중요해지고 있어요.

주요 업무는 크게 세 가지입니다. 첫째, 기업이나 기관이 직면

할 수 있는 기후 리스크를 파악합니다. 예를 들어 식음료 기업이라면 원재료 생산지의 기후변화로 인한 공급망 문제를, 해안가 공장을 가진 제조업체라면 해수면 상승으로 인한 침수 위험을 분석하죠.

둘째, 기후 리스크에 대한 재무적 영향을 평가합니다. 극한 기후로 인한 시설물 피해액이나 생산 차질로 인한 손실을 계산하고, 탄소 배출 규제로 인한 비용 증가를 예측합니다. 이런 분석을 통해 기업이 기후변화에 대비하기 위해 얼마나 투자해야 하는지 조언하죠.

셋째, 기후 리스크 대응 전략을 수립합니다. 재생에너지 도입, 에너지 효율화, 친환경 기술 투자 등 구체적인 실행 방안을 제시합니다. 또한 기업의 지속가능경영 보고서 작성을 돕고, 투자자들

에게 기후 리스크 대응 현황을 설명하는 일도 합니다.

기후 리스크 컨설턴트가 되려면 기상학이나 환경공학 지식은 물론, 경영학과 재무 분석 능력도 필요합니다. 대학에서 자연과학이나 경영학을 전공하고, MBA나 관련 대학원에서 심화 학습을 하는 것이 일반적입니다. 최근에는 기후변화 관련 국제 자격증도 생기고 있어요.

기상청 직원이
미래의 기상학자들에게

🌧️ 기상 현상에 늘 **궁금증**을 가지세요!

기상청은 미래의 날씨를 예측해 여러 가지 기상정보를 제공함으로써 사람의 소중한 목숨을 살리고 재산을 보호하는 일을 합니다. 그래서 기상청 직원들은 많은 사람들에게 이로운 영향을 끼치는 보람된 일을 하고 있다고 항상 자부심을 품으면서도, 한편으로는 막중한 책임감을 느끼고 있습니다.

기상청에는 사람들이 알고 있는 날씨 정보를 제공하는 업무 외에도 지진·화산, 기후변화 감시 및 전망, 기상기후 관련 서비스, 기상기후 관련 국제협력, 연구개발 등 다양한 분야에서 전문적인 직원들이 일을 하고 있어요.

그 밖에도 정확한 날씨 정보를 제공을 위해 기상 위성, 기상 레이더, 지상과 해상, 상공의 관측자료, 슈퍼컴퓨터 및 수치 모델 자료들이 활용되고 있고, 각 분야의 전문가들이 매해, 매순간 기상기술을 발전시키고 있습니다.

　기상청에서 하는 일에 관심이 있고 미래에 기상청에서 근무하고 싶다면 어떻게 하면 좋을까요?

　무엇보다 우리가 일상생활에서 매일 접하는, 비가 내리고 바람이 불고 눈이 오고 얼음이 얼고 하는 '기상현상'에 대해 '왜?', '어떤 이유일까?' 하는 궁금증을 가져 보는 습관이 중요해요. 매일 바뀌는 날씨에 꾸준히 의문을 가지고, 이해하려는 자세를 갖춘다면 기상청에서 일을 할 수 있는 역량은 충분합니다. 또 사람을 살리고 재산을 보호하는 일을 한다는 막중한 책임감과 타인을 생각하는 마음, 자연 앞에 겸손함을 갖는 품성도 중요합니다.

　기상과학과 관련된 전문적인 지식은 대학에서 관련 전공을 이수하면서 습득할 수 있어요. 이것 또한 전문적인 일을 하기 위해 중요한 일입니다. 대기과학 관련 학과에서는 일반기상학, 대기역학, 대기 물리 등을 배우는데 기상청 입사를 위한 공개 혹은 경력 채용에 큰 도움이 될 겁니다.

☔ 매일 **날씨를 기록**하는 습관을 만들어 보세요!

날씨는 우리 일상과 아주 밀접한 관련이 있습니다. 급격한 기후변화로 인해 극단적인 기상 현상이 자주 나타나 깜짝 놀랄 때가 많죠? 2024년에는 9월까지 이어진 폭염이나 11월 말의 이례적인 대설처럼 직접 체감할 수 있는 이상 기상 현상도 많이 발생했어요.

기상청에서는 단순히 날씨를 예측하는 것뿐만 아니라, 기후변화를 감시·분석하고, 지진이나 태풍에 대응하는 등 다양한 업무를 수행하고 있어요. 지진이 발생하거나 극단적인 호우가 쏟아질 때 긴급 재난 문자를 보내 국민의 안전을 지키는 것도 기상청의 중요한 역할 중 하나랍니다. 이를 위해 기상학자뿐만 아니라 여러 분야의 전문가들이 함께 협력하고 있어요.

그렇다면 기상청에서 하는 일에 관심이 있고 미래에 기상청에서 일하고 싶다면 어떻게 하면 좋을까요? 혹시 기상에 대해 잘 모른다고 너무 걱정하지 마세요. 지금은 전문적인 지식이 없더라도 날씨에 대한 작은 관심이 기상 과학에 대한 호기심과 탐구심으로 이어진다면, 날씨를 통해 세상을 더 깊이 이해할 수 있을 거예요. 매일 날씨를

관찰하며 기온, 습도, 바람의 변화를 기록해 보세요. 태풍이나 장마 같은 기상 현상이 왜 발생하는지 생각해 보는 것도 좋아요. 자연의 변화를 관찰하고 궁금증을 가지는 것이 가장 중요한 첫걸음이 될 거예요.

미래에 여러분이 어떤 역할을 하든, 날씨를 통해 사람들에게 도움을 주고 싶은 마음이 있다면 충분히 멋진 일을 해낼 수 있을 거예요. 언젠가 여러분이 기상학자가 되어 더 정확한 일기 예보를 만들어 많은 사람에게 도움을 줄 수 있기를 기대할게요. 앞으로도 기상과 기후, 그리고 기상청에 대한 관심을 계속 이어가길 바라요!

🌧️ 기상청에는 여러분의 **다양한 재능**이 필요합니다!

하루 한 번쯤은 오늘 혹은 내일 날씨에 대한 소식을 접하고 있을 겁니다. 주변에 건네는 안부 인사도 날씨와 관련이 많죠. 추운 날에 건강한지, 강한 바람에 피해는 없는지, 더위는 잘 피했는지 말입니다. 방송이나 신문을 통한 뉴스 그리고 SNS에서도 날씨에 관한 이야기가 전해지기도 해요.

세계 각국에는 국민의 이익을 위해 미래의 날씨를 예측하고, 널리 퍼뜨리는 기관들이 있는데요, 우리나라를 대표하여 기상 자료를 관리하고 일기 예보를 생산하는 곳이 바로 기상청입니다. 일기 예보, 관측 자료, 기후변화 및 기후 전망 등과 관련된 기상·기후 정보를 여러분께 제공하고 있습니다.

일기 예보를 포함한 기상 정보에서 특별히 중요한 것은 무엇일까요? 그것은 정확성과 신속성이에요. 예측 정보는 정확해야 할 뿐만 아니라 신속해야 하죠. 만약 내일 날씨를 예측하는 데 24시간이 소요된다면? 있을 수 없는 일이죠. 그래서 기상청에서는 필요한 정확한 예보를 빠르게 제공하는 예보에는 슈퍼컴퓨터를 활용한 수치 해석, 인공지능 등과 같은 다양한 기술을 활용하고 있습니다. 많은 분야의 전문가들이 모여 기술을 발전시키고 있죠. 이러한 기술을 바탕으로 높은 고도의 기상 실황, 향후 10일까지의 일기 예보 그리고 긴

박하고 위험한 상황을 알려 주는 특보까지 다양한 정보를 생산하고 있어요.

그런데 기상청에서는 이런 날씨 정보만 생산하는 건 아니에요. 편의점에서 날씨 정보를 활용한 마케팅을 한다는 것 들어보셨나요? 방대한 기상 자료들을 사회 각 분야에 적용하고 확산시키면서 생기는 부가가치들이 상당하죠. 기상청은 이러한 기상정보와 데이터의 활용, 나아가 날씨와 관련된 산업 활성화를 위한 정책도 수립하고 실현하는 곳이기도 합니다.

기상청에서는 여러분이 가지고 있는 다양한 재능들이 필요합니다. 본인이 가지고 있는 고유한 재능을 날씨와 연결하고 확장한다면 그게 앞으로의 기상청이 나아갈 방향일 겁니다.

기상청은 친구와 가족들에게 안부와 안전을 전하고, 방송과 뉴스를 통해 긴박한 생명을 보호하고, 기업이 날씨를 기반으로 한 이윤을 창출하도록 도와주는 역할을 합니다. 여러분도 기상청에서 누군가의 일상에 스며들어 보는 것은 어떨까요?

> 우리나라 과학기술의 최전선에는
> 늘 젊은 꿈이 자라납니다. 이 책이 여러분에게
> 작은 영감이 되어 그 꿈을 키우는 데
> 도움이 되길 바랍니다.